COMPOSIÇÃO QUÍMICA DOS AÇOS

Blucher

SÉRGIO AUGUSTO DE SOUZA

COMPOSIÇÃO QUÍMICA DOS AÇOS

Composição química dos aços

6ª reimpressão - 2019
Editora Edgard Blücher Ltda.

Blucher

Rua Pedroso Alvarenga, 1245, 4° andar
04531-934 - São Paulo - SP - Brasil
Tel.: 55 11 3078-5366
contato@blucher.com.br
www.blucher.com.br

Dados Internacionais de Catalogação
na Publicação (CIP)
Angélica Ilacqua CRB-8/7057

Souza, Sérgio Augusto de
Composição química dos aços / Sérgio Augusto de Souza - São Paulo : Blucher, 1989.
144 p. : il.

Bibliografia.
ISBN 978-85-212-0302-5

1. Aço 2. Elementos químicos I. Título.

06-0559 CDD-669.142

Índice para catálogo sistemático:
1. Aços : Composição química : Metalurgia : Tecnologia 669.142

A meus filhos
Ricardo
Raquel
Guilherme

PREFÁCIO

A idéia de escrever este livro nasceu de um interesse que eu tinha sobre os aços, quando cursava a Cadeira de Metalografia dos Metais Ferrosos na Escola Politécnica da Universidade de São Paulo, em 1960. Confesso que sentia dificuldade em diferenciar os diversos aços por suas composições químicas, porque a quantidade de elementos químicos envolvidos é relativamente grande e não conseguia "decorar" os efeitos particulares de cada um.

Desta maneira, depois de formado, procurei aprofundar-me no estudo dos efeitos dos elementos de liga nos aços, para não ter mais dúvida sobre o assunto. Quando comecei a trabalhar no Laboratório de Ensaios Mecânicos do Instituto de Pesquisas Tecnológicas, esse conhecimento era (e ainda é) de primordial importância. Assim sendo, resolvi escrever este livro com a finalidade de ajudar os alunos de Engenharia Metalúrgica e Mecânica, principalmente, a se iniciarem na matéria.

Assim, procurei dar uma grande quantidade de informações sobre o assunto, a fim de cobrir uma boa variedade de composições químicas dos aços. O trabalho está longe de ser completo, pois, para isso, seria necessário entrar em teorias metalúrgicas muito complexas, que trariam dificuldades a quem está se iniciando na Metalurgia, que é a quem este livro deverá servir. De posse dos conhecimentos fornecidos por este livro, o aluno (ou mesmo o técnico) poderá prosseguir no estudo em livros mais adiantados para relacionar esses conhecimentos com a teoria da estrutura dos metais, como a teoria das discordâncias, falhas de empilhamento, reticulados cristalinos etc., bem como com a teoria de corrosão, teoria eletromagnética e teoria de usinagem e mecânica dos metais.

A divisão adotada para este livro obrigou a não se ter uma quantidade grande de capítulos, como são os livros em língua estrangeira que tratam do assunto, pois adotei a divisão dos capítulos pela composição química dos aços em vez de dividir o livro pelos tipos dos aços, que são diversos.

Qualquer opinião no sentido de melhorar o conteúdo do livro será bem recebida e estou à disposição no Laboratório de Ensaios Mecânicos do IPT para receber qualquer tipo de colaboração, a fim de completar o que por acaso estou deixando de mencionar.

S.A.S.

São Paulo, agosto de 1989

CONTEÚDO

1 INTRODUÇÃO

Este livro tem a finalidade de descrever os principais e mais importantes efeitos dos elementos químicos adicionados aos aços para melhorar suas propriedades e dos elementos que estão sempre presentes nos aços. As composições químicas dos aços padronizados e de alguns não-padronizados são apresentadas e comentadas com o mesmo intúito em capítulos posteriores.

Um aço deve ter uma composição química compatível com sua ultilização, isto é, as propriedades desse aço devem garantir que ele está sendo usado de modo a se ter plena confiança de que ele desenpenhará corretamente suas funções desejadas. Assim, durante sua utilização, ele não causará transtornos, tais como: ruptura, deformação excessiva devido a esforços mecânicos, oxidação ou corrosão em ambientes, ou meios especiais, ou desgaste em ambientes abrasivos. Essas condições constituem-se as propriedades que os aços devem possuir e são atendidas mediante uma composição química correta, além dos diversos tratamentos a que o aço é submetido para cada desempenho.

Cada aplicação de uma peça exige o conhecimento de : 1º) onde ela vai ser utilizada; 2º) a quais esforços mecânicos ela vai ser submetida; e 3º) em qual ambiente ela vai ser usada. De posse desses conhecimentos, deve-se escolher o aço adequado e, para obtê-lo, deve-se, em primeiro lugar, selecionar sua composição química e a seguir o tratamento térmico, termomecânico ou superficial a que se deve submeter a peça para se conseguir que esse aço forneça o desempenho desejado.

A influência da composição química nas propriedades dos aços é o principal objetivo deste livro. Os tratamentos térmicos, termomecânicos e superficiais não serão desenvolvidos, sendo somente dado a ênfase aos princípios gerais dos tratamentos térmicos por estarem estreitamente ligados às influências dos elementos de liga dos aços. Será sempre dada a influência de cada elemento durante os tratamentos acima mencionados, correlacionando-os com eles, de modo que o leitor deverá ter um bom conhecimento desses tratamentos para melhor aproveitamento do livro.

Um aço-carbono é um aço sem adição proposital de outros elementos, contendo apenas o carbono e os quatro elementos residuais sempre encontrados nos aços e que permanecem em sua composição durante o processo de fabricação, ou seja, manganês, silício, fósforo e enxofre. Convém dizer que aço é uma liga em que o ferro entra com a maior porcentagem em peso.

Um aço-liga é um aço com suficientes elementos químicos adicionados a ele para modificar as propriedades de um aço-carbono simples. A quantidade do elemento de liga adicionado pode variar enormemente: de adições muito baixas (milésimos a décimos por cento) a adições muito altas (por exemplo, 20% ou mais). O carbono é o "elemento de liga" principal para aumentar a dureza e a resistência mecânica do ferro, especialmente após os tratamentos térmicos. Considera-se um aço de baixa liga aquele que possui menos de 10% de elementos de liga e o de alta liga, quando possui 10% ou mais de elementos de liga.

Os aços-liga podem ter suas propriedades mecânicas melhoradas por meio de tratamentos térmicos sem sofrer o fenômeno de fragilização, que pode ocorrer mais provavelmente com os aços-carbono. Alguns elementos de liga favorecem os efeitos benéficos dos tratamentos térmicos, sendo esta sua principal finalidade. Portanto, no próximo capítulo, será feito um resumo explicando o diagrama de equilíbrio ferro-carbono na parte rica em ferro, citando as estruturas que se obtêm como resultados dos tratamentos térmicos dos aços. Com isso, o leitor poderá entender melhor a influência dos elementos químicos nos aços.

Portanto, um aço pode ser classificado em três categorias, quanto a sua composição química: aço-carbono, aço de baixa liga e aço de alta liga, ou seja, com alta porcentagem de elementos de liga. As duas primeiras categorias são utilizadas para fabricação de aços de baixa, média ou alta resistência mecânica, nos quais o esforço mecânico é o fator principal a ser considerado. Esses aços devem ser capazes de suportar médios ou elevados esforços mecânicos sem ocorrer deformação excessiva ou rompimento durante sua vida de utilização. Os aços de alta liga são geralmente usados em condições de grandes ou moderados esforços mecânicos, porém em ambientes hostis (corrosivos, oxidantes ou abrasivos) ou em ambientes particulares (elétricos e/ou magnéticos). Para cada aplicação, utilizam-se composições químicas diferentes com porcentagens variadas de elementos de liga. Existem também os aços especiais, com elevadas porcentagens de elementos de liga, utilizados onde o esforço mecânico é muito grande, necessitando, portanto, de uma resistência muito alta para capacitá-los a esse trabalho.

Na explicação dos efeitos dos elementos de liga, não serão dadas explanações muito complexas que envolvam conceitos muito avançados da Metalurgia Física, a fim de facilitar a compreensão deste livro a pessoas não acostumadas com esse campo da metalurgia. Os efeitos dos elementos de liga serão, em geral, mostrados qualitativa e não quantitativamente, porque a variedade de propriedades mecânicas obtidas nos aços é enorme e não caberia aqui mencionar numericamente todas elas. O leitor poderá recorrer a outros livros existentes; para isso, alguns dos quais são citados na "Bibliografia".

2 CONSIDERAÇÕES PRELIMINARES

Neste livro são mencionados termos metalúrgicos sobre estrutura dos aços, tratamentos térmicos, tipos de aços e mecanismos de endurecimento, que merecem uma explicação prévia. Neste capítulo, serão dadas noções gerais sobre esses assuntos, a fim de que o texto dos próximos capítulos fique mais compreensível para as pessoas não habituadas com tais termos.Não se pretende alongar-se muito nesses assuntos, pois este não é o escopo do livro. Desta maneira, serão dadas apenas noções gerais sobre eles. Há inúmeros livros que cobrem com todos os detalhes esses assuntos, de modo que o leitor deve reportar-se a eles se desejar aprofundar-se mais sobre cada um deles.

a) NOÇÕES SOBRE OS TRATAMENTOS TÉRMICOS DOS AÇOS

1. Ferro puro não é aço. Uma simples liga de ferro e carbono já pode ser considerada como aço, desde que o teor de carbono não ultrapasse um determinado valor.

O ferro, quando puro, apresenta uma estrutura atômica cúbica de corpo centrado até a temperatura de 910°C chamada ferro α. Acima dessa temperatura a estrutura do ferro sofre uma transformação alotrópica, tornando-se cúbica de faces centradas e mantendo essa configuração até a temperatura de 1.388°C, chamada ferro γ. De 1.388°C em diante, o ferro volta a ter estrutura cúbica de corpo centrado chamada ferro δ, até a temperatura de fusão do metal (1.534°C).

Ao se adicionar carbono ao ferro, acontece o seguinte (fig. 1): o ferro α consegue manter o carbono em solução sólida em uma quantidade muito pequena (no máximo 0,025% C, à temperatura de 723°C, chamada de temperatura eutetóide, e cerca de 0,002% C à temperatura ambiente). O ferro γ consegue dissolver o máximo de carbono de 2,0% à temperatura de 1.130°C numa forma instável chamada de cementita, cuja composição é Fe_3C. Para a cementita se decompor em ferro e carbono (grafita), torna-se necessário um longo tempo em altas temperaturas, de modo que a forma estável ou de equilíbrio não é geralmente considerada no estudo dos aços. O diagrama de equilíbrio utilizado para os aços é o Fe-Fe_3C.

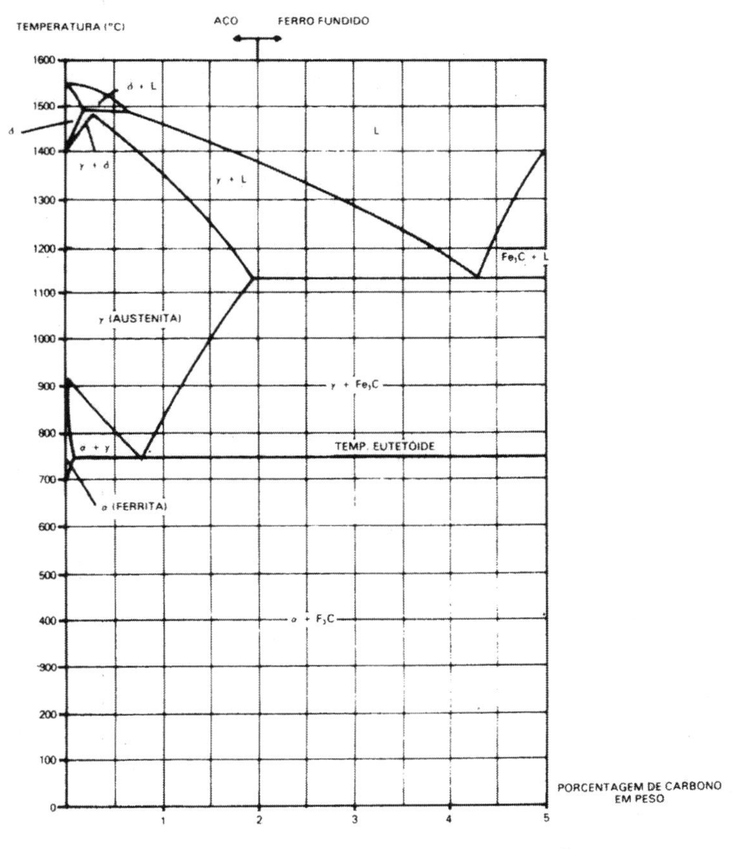

Figura 1 - Diagrama de equilíbrio Fe-Fe_3C na parte rica em ferro.

Ferro α com cementita em solução é chamado de ferrita e ferro γ com cementita em solução é chamado de austenita. O ferro α é um material ferromagnético, perdendo essa propriedade e passando a ser paramagnético entre 768°C (ponto Curie) e 791°C (nesse intervalo de temperaturas, o ferro era antigamente chamado de ferro β ; no entanto, esta denominação caiu em desuso). Não há nome especial para designar a solução sólida de cementita em ferro δ porque esta fase não é utilizada nos tratamentos térmicos e na fabricação mecânica do aço.

Na Fig. 1, pode-se também observar o grande campo de γ (austenita). Com o teor de 0,8% C, no resfriamento contínuo da austenita, passa-se diretamente ao campo α (ferrita) + cementita à temperatura de 723°C, que é a temperatura eutetóide. Em teores abaixo de 0,8% C, existe um campo $\alpha + \gamma$, em que o aparecimento de α é gradual e não direto. As ligas Fe-C são chamadas de aço até a porcentagem de 2%C e, na mesma figura, nota-se o campo $\gamma + Fe_3C$ que existe durante o resfriamento contínuo de γ até a temperatura ambiente.

Neste diagrama, observa-se ainda que a adição de carbono torna o campo da austenita estável em temperaturas mais baixas que 910° para um grande intervalo de teores de carbono (até cerca de 1,3% C). Portanto o carbono até 1,3% estabiliza a fase austenita, ou seja, ela permanece estável num intervalo maior de temperaturas. Esse fato é muito importante quando se adicionam elementos de liga ao aço: alguns deles também têm a propriedade de estabilizar a austenita.

2. Quando se tem um aço com uma estrutura bruta de fusão com propriedades mecânicas não satisfatórias, pode-se tratá-lo termicamente para "melhorar" essas propriedades, a fim de se poder usar o aço adequadamente. O termo "melhorar" aqui significa adaptar o aço conforme suas necessidades: deixá-lo mais mole, mais duro, mais tenaz, mais resistente e assim por diante. Para fazer isso, deve-se primeiro aquecer o aço até ele entrar na fase austenítica, mantendo-o durante um tempo suficiente para dissolver toda a cementita que havia em baixas temperaturas. O aço não deve ser austenitizado em temperaturas muito baixas no campo γ por causa da baixa velocidade de reação nessas temperaturas. Em geral, cerca de 100°C acima da temperatura mínima de austenitização, mantendo-se durante 1 hora por 25mm de seção da peça a ser austenitizada, é uma boa prática. Não se deve também aumentar muito a temperatura de

austenitização para se evitar um crescimento excessivo dos grãos de austenita, oxidação, descarbonetação (perda de carbono na superfície da peça), distorção ou formação de trincas, além de se economizar energia de aquecimento. Se alguma pequena quantidade de cementita ainda não ficar dissolvida, isso não importará muito nas propriedades mecânicas finais, além de até melhorar a resistência da peça ao desgaste.

Ao se resfriar a austenita lentamente, quando se tem um aço com 0,8% C, passa-se pela temperatura eutetóide (723°C) e obtém-se um constituinte chamado perlita, formado por lamelas alternadas de ferrita e cementita, que permanece imutável até a temperatura ambiente. Isso acontece no aço de composição eutetóide. Com teores abaixo de 0,8% C, obtém-se ferrita + perlita e acima de 0,8% C, obtém-se perlita + cementita (Fig.2).

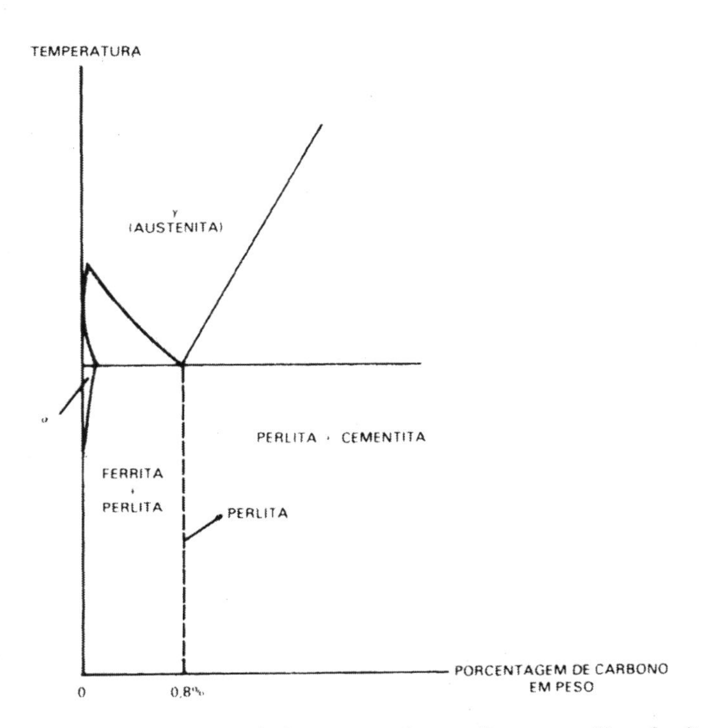

Figura 2 - Campos dos constituintes austenita, perlita, cementita e ferrita no diagrama de equilíbrio $Fe-Fe_3C$.

3. *Recozimento* — Este é o tratamento térmico utilizado para deixar o aço mais mole e, portanto, com maior ductilidade e menor resistência mecânica. No recozimento, diminui-se o limite de escoamento e o limite de resistência do aço, aumentando-se então o alongamento e a estricção, propriedades geralmente medidas durante o ensaio de tração. O tratamento consiste em se austenitizar o aço em uma temperatura adequada (Fig. 3) e esfriá-lo lentamente (no próprio forno de aquecimento desligado). Obtém-se, então, ferrita + perlita (aço hipoeutetóide, ou seja, com < 0,8% C), perlita (aço eutetóide) ou perlita + cementita (aço hipereutetóide). Esse tratamento é também útil para melhorar a usinabilidade do aço, para refinar o grão em relação ao aço em estado bruto de fusão e para homogeneização química. O recozimento de aços de médio e alto carbono aumenta a resistência mecânica também em relação ao aço em estado bruto de fusão.

4. *Normalização* — Este tratamento é semelhante ao recozimento, porém com resfriamento mais rápido: ao ar, por exemplo, austenitizando em temperaturas indicadas na Fig. 3.

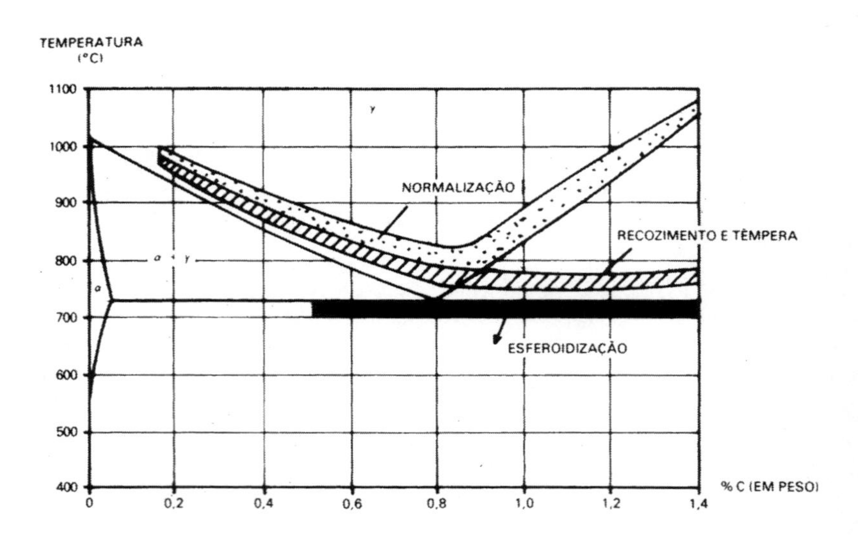

Figura 3 - Faixas de temperaturas para os tratamentos térmicos de recozimento, normalização, esferoidização e têmpera para os aços-carbono em geral.

Neste caso, a perlita obtida é mais fina devido ao resfriamento mais rápido, não dando tempo para as lamelas da perlita crescerem. A normalização é utilizada para refinar a granulação do aço e para uniformização da textura, uma vez que a temperatura de austenitização é mais alta, permitindo melhor distribuição do carbono na austenita. Eliminam-se, por exemplo, redes de carbonetos nos contornos de grão da austenita de aços hipereutetóides. As propriedades mecânicas de resistência são mais elevadas na normalização, deixando, porém, o aço ligeiramente menos dúctil que no estado recozido. Eleva-se também a tenacidade do material em relação ao aço recozido. Este tratamento é muito usado para peças fundidas ou trabalhadass mecanicamente (peças forjadas, por exemplo) e como pré-tratamento para a têmpera (*item 6*).

5. *Esferoidização* — A esferoidização da cementita obtida numa normalização é feita para aumentar a usinabilidade do aço e para evitar a formação de trincas durante o trabalho do aço a frio. Pela esferoidização, obtêm-se máxima ductilidade e dureza mais baixa possível. É, porém, uma operação longa e cara, sendo o único tratamento que geralmente não precisa levar o aço até o campo austenítico (Fig. 3), permanecendo nessas temperaturas mais baixas durante 10 horas ou mais. A cementita toma a forma globular e é obtida por meio de resfriamento lento (no forno) durante um certo tempo e depois resfriando o aço mais rapidamente para evitar novo crescimento do carboneto, podendo-se repetir este tratamento mais uma vez nos casos de aços hipereutetóides.

6. *Têmpera* — Quanto mais rápido for o resfriamento do aço aquecido até o campo de austenita, mais o material endurece: o resfriamento ao ar em uma normalização produz um aço mais resistente e com pouco menos ductilidade que o aço recozido resfriado lentamente, que é mole e muito dúctil. Quando o resfriamento é rápido (em água, por exemplo), a estrutura resultante é a martensita, que tem a estrutura tetragonal e é uma fase extremamente dura. Dessa maneira, o aço temperado é muito duro e frágil. A martensita ainda introduz tensões internas significativas no material, que podem ocasionar fissuras na superfície do aço.

Os tratamentos térmicos de recozimento e normalização são realizados por meio de resfriamento contínuo e lento até a temperatura ambiente. Na têmpera, tem-se um resfriamento contínuo, porém quase instantâneo, principalmente na superfície da peça. A martensita só começa a aparecer quando o resfriamento brusco leva o aço austenitizado instantaneamente até uma temperatura de início de formação da martensita (M_s); continuando o resfriamento do aço abaixo de M_s, atinge-se a temperatura M_f, final de transformação austenita-martensita.

Muitos aços não conseguem ficar com a estrutura completamente martensítica, principalmente em peças de seção grande, nas quais o resfriamento no interior da peça não é instantâneo ou, então, quando sua temperatura M_fé muito baixa. Nesse caso a superfície fica totalmente martensítica e no núcleo pode haver completa ausência deste constituinte. A austenita não transformada em martensita chama-se austenita retida, que depois pode-se decompor isotermicamente, como num resfriamento contínuo lento, formando perlita, ferrita ou bainita. Bainita, como a perlita, é um agregado de ferrita e cementita que se forma em temperaturas altas, tendo um aspecto acicular com alta resistência e tenacidade. A bainita que se forma em temperaturas mais altas é chamada de bainita superior e a que se forma em temperaturas mais baixas é a bainita inferior. Esta última têm resistência mecânica superior à bainita superior. Quanto mais alto for o teor de carbono, mais o aço tem tendência a ficar com austenita retida. Elementos como o manganês, cromo, níquel, molibdênio, tungstênio e silício (nesta ordem) favorecem também a presença de austenita retida.

. A dureza da martensita depende do teor de carbono dos aços (Fig. 4). O resfriamento para obtenção de martensita varia muito em relação à composição química do aço. Aços com alto teor de elementos de liga temperam sem haver necessidade de resfriamento muito rápido; aços que têm a temperatura M_s subzero não temperam em água; alguns aços temperam parcialmete como já foi mencionado. Por isso há diversos meios de resfriar o aço para temperá-lo: água, banhos de sal, ao ar, etc.

Em geral, é importante ter-se uma estrutura martensítica completa e uniforme para que o aço depois tenha melhores propriedades. Se houver outros constituintes (têmpera incompleta), as propriedades mecânicas são influenciadas ou não previstas. Por exemplo, a resistência a fadiga cai, se o aço temperado contiver zonas de ferrita.

7. *Temperabilidade* — A temperabilidade do aço é a propriedade que determina a profundidade e distribuição da dure-

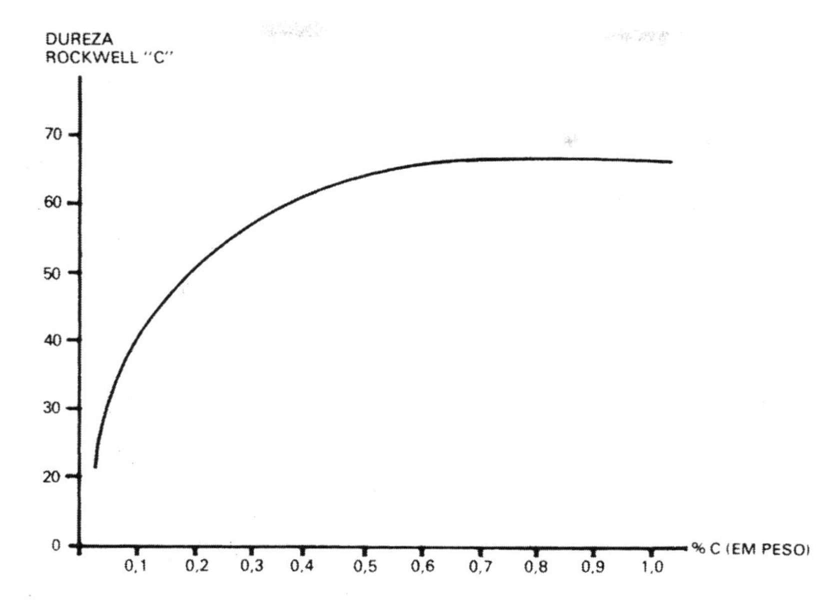

Figura 4 - Dureza da martensita em função do teor de carbono.

za provocada pelo resfriamento rápido. Ela pode ser determinada pela microestrutura alcançada pelo resfriamento, como, por exemplo, 50% de martensita e 50% de outros produtos de tranformação. Este é o critério mais usado para se medir a temperabilidade. A determinação da temperabilidade fornece a velocidade a que o aço deve ser resfriado da região austenítica para evitar a formação de perlita ou bainita superior. O que mais influi na temperabilidade do aço é a sua composição química e o tamanho do grão do aço. Quanto maior for a temperabilidade do aço, mais ele terá a capacidade de ficar com uma estrutura martensítica completa.

8. *Revenimento* — A martensita obtida pela têmpera não favorece a utilização do aço porque ele se torna excessivamente duro, frágil e quase sem nenhuma tenacidade. Portanto, após a têmpera, faz-se outro tratamento térmico para corrigir esses incovenientes, que é o revenimento. Ele devolve ao aço a ductilidade e a tenacidade perdidas, sem afetar muito a resistência e a dureza alcançadas pela têmpera. Outra finalidade do revenimento é a de diminuir as tensões internas produzidas pela têm-

pera. Os aços-carbono amolecem continuamente com o aumento da temperatura de revenimento.

O revenimento é feito aquecendo-se o aço em temperaturas abaixo da fase austenítica: de 150 a 600°C aproximadamente, dependendo do quanto se quer recuperar a ductilidade (quanto mais alta for a temperatura de revenimento, mais alta será a ductilidade restabelecida) e da composição química do aço (certos elementos de liga introduzem mudanças no comportamento do aço ao revenimento). O tempo de manutenção na temperatura de revenimento também influi nas propriedades mecânicas finais do aço: quanto mais tempo de revenimento, mais o material amolece.

A estrutura obtida pelo revenimento é chamada de martensita revenida. Se houver austenita retida, ela se decompõe em bainita em temperaturas mais baixas de revenimento (de 200 a 300°C). No revenimento, os átomos de carbono dispersos na martensita precipitam como partículas de carbonetos com tamanhos que aumentam á medida que se eleva a temperatura do revenimento. Esses carbonetos têm composições variáveis, porém tendem a se transformar em cementita esferoidizada com o aumento do tempo e da temperatura de revenimento. A estrutura tetragonal da martensita passa a cúbica de corpo centrado por meio de recristalização. Os elementos de liga têm grande influência no revenimento, principalmente quando a temperatura do tratamento é maior que 250°C.

9. *Fragilidade ao revenido* — Em certos aços-liga pode ocorrer o fenômeno chamado de fragilidade ao revenido, principalmente no intervalo de temperaturas de 400 a 570°C durante o resfriamento ou o aquecimento lento. A fragilidade ao revenido pode, porém, dar-se em temperaturas mais baixas (em torno de 300°C), dependendo da composição química e do tempo de revenimento. Elementos como nitrogênio, fósforo, enxofre, estanho, antimônio e arsênico, presentes como impurezas, aumentam a tendência à fragilidade ao revenido, ao passo que o molibdênio, por melhorar a coesão dos contornos de grão, reduz ou até mesmo elimina essa tendência; também o titânio e o zircônio parecem evitar a fragilidade ao revenido. Este fenômeno está relacionado com a segregação dos elementos na forma de placas de carbonetos nos contornos de grão ou por segregação simples nos contornos de grão, enfraquecendo-os e aumentando a temperatura de transição dúctil-frágil do aço.

Com isso, o aço torna-se frágil, facilmente reconhecível pelas más propriedades de tenacidade obtidas pelos ensaios mecânicos, principalmente o ensaio de impacto Charpy (*ver mais adiante*). Este fenômeno não ocorre em aços-carbono. Outra maneira de se reconhecer se um aço foi afetado pela fragilidade ao revenido é pela fratura intergranular, que ocorre mesmo à temperatura ambiente, por meio de técnica metalográfica.

10. *Endurecimento secundário* — Durante o revenimento, a martensita temperada começa a perder dureza com o aumento da temperatura de revenimento, por causa da transformaçào da forma inicial da cementita (arranjo fino do tipo Widmanstätten) até ficar em forma de partículas esferoidais na martensita revenida. Em certos aços-liga, ocorre um endurecimento secundário do material, que acontece pela redissolução do Fe_3C e de outros carbonetos formados, como V_4C_3, Mo_2C, W_2C etc. Esses carbonetos de outros metais que não o ferro se formam inicialmente como partículas muito finas,transformando-se a seguir em pequenas agulhas ou plaquetas que conferem um aumento da dureza durante um certo intervalo de temperaturas no revenimento.

Outra maneira de ocorrer endurecimento secundário é devido à transformação de alguma austenita retida durante o revenimento, possivelmente acelerada pela presença de núcleos de carbonetos já formados em temperaturas mais baixas no início do revenimento.

11. *Austêmpera* — É um tratamento isotérmico do estado austenítico. O resfriamento é rápido até uma temperatura acima de M_s, mantendo-se nessa temperatura até que a austenita se transforme em bainita, seguindo-se um resfriamento lento. Se a bainita formada for bainita inferior, obtém-se boa dureza no aço com boa tenacidade. Esse tratamento é eficiente para peças pequenas para se conseguir estrutura bainítica completa. Não havendo a formação de martensita, não se produzem tensões internas no aço, eliminando-se distorções ou empenamentos da peça.

12. *Martêmpera* — Para se eliminar a diferença entre a temperatura da superfície e do núcleo de uma peça durante a têmpera, pode-se fazer o tratamento de martêmpera, que consiste em resfriar o aço bruscamente até uma temperatura pouco acima de M_s, interromper o resfriamento por pouco tempo a fim de que o núcleo e a supefície atinjam a mesma temperatura

e, a seguir, continuar a têmpera com resfriamento mais lento (porém não muito, para evitar a formação de bainita ou perlita). Desse modo, elimina-se ou diminui-se a concentração de tensões residuais da martensita. Esse tratamento é aplicado principalmente aos aços de alto teor de carbono, que se fragilizam demais com a têmpera comum. Após a martêmpera, o aço é submetido ao revenimento, como no caso da têmpera.

b) TIPOS DE AÇO

Os aços-carbono podem ser classificados em cinco tipos, conforme sua porcentagem de carbono e dureza:

1º) Menos de 0,15% C — aço extradoce
2º) Entre 0,15 e 0,30% C — aço doce
Estas duas categorias representam os aços estruturais, em geral recozidos ou normalizados.
3º) Entre 0,30 e 0,50% C — aço meio duro
Nesta categoria, os aços são geralmente temperados e revenidos para peças estruturais de alta solicitação mecânica.
4º) Entre 0,50 e 1,40% C — aço duro
5º) Entre 1,40 e 2,00% C — aço extraduro
Estas duas últimas categorias representam os aços para ferramentas de corte e matrizes temperados e levemente recozidos em baixa temperatura (cerca de 250°C) (*ver Cap. 6*), além de aços para diversas outras aplicações.

Pode-se classificar os aços também somente pelo seu teor de carbono:

Aços de baixo carbono: contendo de 0,10 a 0,30% C.
Aços de médio carbono: contendo de 0,30 a 0,85% C.
Aços de alto carbono: contendo de 0,85 a 1,5% C.

Acima de 1,5% C, os aços não são fabricados usual ou comercialmente, com algumas exceções.

Oa aços-carbono podem ainda ser classifidados em quatro tipos, conforme a prática de desoxidação empregada na lingotagem dos mesmos:

1. *Efervescente*, quando não são adicionados agentes desoxidantes no forno, a não ser uma pequena quantidade de alúminio, silício ou ferro-manganês para controlar a efervescência

(evolução de gases). O aço extradoce é geralmente efervescente. Esses aços são usados devido à formação de bolhas de óxido de carbono no líquido, que deixam uma camada de aço com teor de carbono muitíssimo baixo na superfície e estas bolhas aprisionadas impedem a contração (chupagem) do aço. A chupagem é um vazio interno no topo do lingote formado pela contração de solidificação. Não havendo chupagem não há necessidade de cortar o topo do lingote, obtendo-se assim melhor rendimento de produção. As bolhas aprisionadas são depois eliminadas durante o trabalho a quente (por exemplo, a laminação caldeia as bolhas).

Os aços efervescentes geralmente contêm silício e alumínio apenas em teores muito pequenos, pois esses elementos são evitados na operação. O teor de carbono nesses aços deve ser menor que 0,25%. Os aços efervescentes tem pouca homogeneidade química e são usados quando a superfície dos mesmos é o que mais interessa. Aços com mais 0,60% C não podem ser prontamente efervescidos, porque o manganês não tem tendência à segregação (*ver Cap. 4*).

2. *Capeado* , quando se interrompe a efervescência depois de algum tempo, por meio de uma capa de ferro fundido colocada no topo do lingote para solidificar o topo do mesmo. Assim, o lingote fica com uma camada fina de ferro quase puro e com menor segregação que o lingote de aço efervescente. Esses aços são usados para chapas e fitas finas e para arames, principalmente.

3. *Semi-acalmado* , quando são adicionados agentes desoxidantes na panela de vazamento, porém em menor quantidade que o aço acalmado. Esta prática é usada para aços doces. O teor de silício no aço é moderado (de 0,06% a 0,15%) e o de alumínio é bem pequeno. Quando o lingote é semi-acalmado, a efervescência é bem limitada. Esses aços são usados para chapas grossas, barras e perfis.

4. *Acalmado* , quando são adicionados agentes desoxidantes (alumínio ou silício) para desoxidar o aço suficientemente, evitando a evolução de gases durante a solidificação. Os aços acalmados são de boa homogeneidade química, de alta qualidade e geralmente contêm mais de 0,30% C. Os lingotes ficam com chupagem no topo, que precisa ser removida por corte. Esses lingotes não contêm impurezas de óxidos. O teor de silício nesses aços é superior a 0,15% e o teor de alumínio

pode ser relativamente alto, se o aço for acalmado com esse elemento. A segregação de elementos contidos no ferro é maior nos aços efervescentes e menor nos aços acalmados.

c) DENOMINAÇÃO DOS AÇOS

Como já foi mencionado no Cap. 1, os aços podem ter duas denominações: aços-carbono e aços-liga. Os aços-carbono, teoricamente, não possuem elementos de liga. Como o aço é basicamente uma liga de ferro e carbono, qualquer outro elemento existente pode ser classificado como elemento de liga.Isto porém não é verdade: sempre existem elementos residuais presentes no aço que ficam retidos durante o processo de fabricação. Esses elementos são manganês, silício, fósforo e enxofre. Em geral, considera-se um aço como sendo aço-carbono, quando não contém mais de 1,65% M_n, 0,30% Si, 0,040% P e 0,050% S. Se a porcentagem de manganês ou silício for maior que esses teores máximos, eles exercerão funções especiais no aço e são considerados como elementos de liga.

Os aços carbono são usados quando não existem requisitos de resistência mecânica e resistência à corrosão muito severos, ou quando a temperatura de utilização do aços não seja muito elevada. As vantagens de se utilizar os aços-carbono são custo relativamente baixo e pouca exigência de tratamentos elaborados para sua produção.

Os aços-liga contêm porcentagens mais elevadas de vários elementos químicos, tais como: cromo, níquel, molibdênio, tungstênio, manganês, silício e cobre. Existem outros elementos que são incorporados mesmo em pequenos teores para melhorar ainda mais a qualidade do aço, como o vanádio, nióbio, boro e titânio. Existem também elementos que são adicionados em alguns poucos tipos de aço, como o cobalto. Entretanto, o carbono é o elemento principal para o ferro, pois as propriedades mecânicas da liga dependem essencialmente deste elemento. Os demais servem para aumentar e melhor distribuir as propriedades mecânicas ou de conferir outras propriedades (à corrosão, oxidação ou abrasão etc.), quando em porcentagens elevadas.

d) MECANISMOS DE ENDURECIMENTO DOS AÇOS

Os mecanismos de endurecimento dos aços (e dos metais em geral), em que os elementos de liga mais têm influência, são os seguintes: 1º) por tratamentos térmicos; 2º) por refino de grão; 3º) por precipitação; 4º) por envelhecimento; e 5º) por solução sólida. Os três primeiros são mais intensos e os dois últimos são mecanismos por assim dizer auxiliares, porém não menos importantes. Eles são empregados para aumentar a resistência mecânica dos aços quando assim se desejar. Na maioria das vezes, o refino de grão, produzido por elementos de liga em teores bem pequenos adicionados ao aço com essa finalidade, dá-se pela inibição do crescimento de grão que os precipitados (carbonetos ou carbonitretos) provocam, havendo, assim, uma mistura de dois mecanismos de endurecimento: refino de grão e precipitação.

Muitas vezes não se deseja aumentar a resistência mecânica para não se perder muito a ductilidade do material. Nos capítulos seguintes, será visto como os elementos de liga contribuem para intensificar esses mecanismos.

e) MEDIDA DAS PROPRIEDADES MECÂNICAS

Como foi visto no item anterior, existem alguns mecanismos para se obter aços com maior resistência mecânica, ou seja, com maior dureza e resistência. Quando se aumenta muito a dureza dos aços, sua ductilidade cai e o inverso também é verdadeiro: quanto menor a dureza do aço, maior sua ductilidade.

A ductilidade e a resistência mecânica são medidas mais comumente pelo ensaio de tração e a dureza, pelo ensaio de dureza Brinell, Rockwell ou Vickers.

A resistência à fadiga pode ser medida por meio de ensaios cíclicos de tração ou tração-compressão ou por flexão rotativa, mais comumente.

Outra propriedade importante a ser considerada é a tenacidade, medida, por exemplo, pelo ensaio de impacto Charpy. A tenacidade é a capacidade do material absorver energia dinâmica sem se romper. Existem vários ensaios complexos para a medida da tenacidade, como, por exemplo, o de tenacidade de fratura, queda de peso e outros, porém o ensaio de impacto

Charpy é, por enquanto, o mais utilizado por ser mais rápido, mais econômico e por ainda constar mais freqüentemente das especificações do material. Durante o ensaio de tenacidade, pode-se determinar a temperatura (ou a região de temperaturas) em que o aço se fragiliza, isto é, sua ruptura muda de caráter dúctil para caráter frágil. Esta temperatura é chamada de temperatura de transição dúctil-frágil do aço estudado.

Finalmente, a resistência à fluência é medida por meio de ensaio de tração em temperatura acima da ambiente (mais comumente), tendo o ensaio uma duração bastante longa para verificação da deformação que ocorre com o passar do tempo.

Todos esses ensaios mencionados são específicados por meio de métodos elaborados em todos os países por suas respectivas associações de normalizaçao.

3 AÇOS DE BAIXA LIGA

a) GENERALIDADES

Para se obter boa resistência mecânica e dureza combinadas com ductilidade e tenacidade, são adicionados ao aço alguns elementos químicos que ajudam no alcance dessas propriedades. Deve-se, no entanto, observar que os elementos de liga não modificam a rigidez dos aços, medida pelo módulo de elasticidade (Módulo de Young), a não ser quando o teor de elementos de liga seja muito alto, no qual pode haver uma pequena variação. Quando os elementos de liga são utilizados em aços que não vão ser tratados termicamente, eles são adicionados em quantidades muito pequenas, como, por exemplo, para refinar o grão. Como foi mencionado, o refino do grão é uma das melhores maneiras de se aumentar a resistência e a tenacidade do aço.

Neste livro, são considerados elementos de liga, aqueles adicionados propositadamente, mesmo quando estejam em teores extremamente baixos. Como foi visto, fósforo e enxofre, por exemplo, são elementos que sempre estão presentes nos aços-carbono e não são adicionados propositadamente. Portanto, fósforo e enxofre não são considerados elementos de liga. Nos aços tratados termicamente, alguns elementos de liga usados podem ficar com teores muito baixos e outros são adicionados em quantidades maiores.

As vantagens de se usar um aço-liga, ou seja, um aço com adição de liga, em comparação com um aço-carbono, em resumo, são: 1) maior temperabilidade; 2) menor distorção e trincas após tratamento térmico de têmpera; 3) maior alívio de tensões para se atingir uma determinada dureza do material; 4) menor crescimento do grão na maioria dos casos; 5) maior elasticidade, ou seja, escoamento mais alto do material; 6) maior resistência à fadiga do material; 7) maior resistência mecânica em alta temperatura; 8) maior usinabilidade com maior dureza, na maioria dos casos; e 9) maior ductilidade com maior resistência mecânica. As desvantagens encontradas são: 1) custo mais alto; 2) maiores cuidados durante o tratamento térmico; 3) tendencia à formação de austenita retida, que em certos casos pode não ser vantajoso; e 4) fragilidade ao revenido em certos aços-liga.

A microestrutura resultante da transformação de fase tem um papel predominante na obtenção de propriedades mecânicas de aços de alta resistência e baixa liga tratados termicamente, na maioria das vezes por têmpera e revenimento. Na prática, a microestrutura obtida pode ser de uma só fase (martensítica ou bainítica) ou pode ser mista (martensita mais outra fase não-martensítica).

Os elementos que endurecem por solução sólida substitucional, isto é, substituem átomos de ferro no reticulado cristalino, são: silício, níquel, alumínio, zircônio, fósforo e cobre. Geralmente, não é econômico produzir aços de resistência muito alta por este mecanismo. Como exceção, por exemplo, tem-se o fósforo, que é altamente endurecedor da ferrita, podendo ser usado para endurecimento de aços de baixo carbono. Os demais são usados para moderados endurecimentos do aço, agindo também sobre a ferrita.

Os elementos que formam solução sólida intersticial, isto é, entram em solução ficando nos insterstícios da estrutura cristalina, são: carbono, nitrogênio, oxigênio, boro e hidrogênio. Carbono e nitrogênio têm baixíssima solubilidade na ferrita à temperatura ambiente. O nitrogênio não endurece a ferrita. Os elementos intersticiais causam problemas nos aços de baixo carbono, que são deformados em temperaturas em torno de 250-300°C. Nessas temperaturas, carbono e nitrogênio aumentam o limite de escoamento do aço e diminuem a tenacidade, devido a um fenômeno conhecido por fragilidade ao azul (*blue brittleness*). Os elementos formadores de carbonetos e nitretos (*ver adiante*) podem eliminar a fragilidade ao azul.

A fragilidade ao azul é um fenômeno que causa perda de ductilidade e de tenacidade, quando o aço é deformado ao redor de 140°C ou mais. Nessas temperaturas, o material se torna azulado devido à oxidação superficial. Resulta de um envelhecimento por deformação acelerado, ao contrário do envelhecimento por têmpera, que ocorre em aços de baixo carbono, nos quais se dá um endurecimento por precipitação de carbonetos após a têmpera de uma temperatura de solubilidade máxima de carbono e do nitrogênio na ferrita, não havendo neste caso deformação plástica. O carbono e o nitrogênio também estão relacionados com a fragilidade ao azul, pois ela é eliminada pela adição ao aço de elementos formadores de carbonetos e de nitretos. Os átomos de carbono e nitrogênio impedem a deformação plástica do aço, ocasionando escoamentos sucessivos durante o processo.

Os elementos intersticiais são também responsáveis pelo envelhecimento de aços doces principalmente. Envelhecimento é toda a modificação que uma liga metálica sofre em suas propriedades mecânicas com o tempo e com a temperatura. Essa modificação se manisfeta pelo aumento da resistência mecânica dos metais, com sacrifício da ductilidade e da tenacidade. O envelhecimento pode aparecer por meio de tratamentos térmicos ou por deformação plástica. A temperatura acelera o envelhecimento, bem como os elementos intersticiais. Esse processo está ligado ao mecanismo de precipitação, pois o envelhecimento dos aços se caracteriza pela precipitação de carbonetos e nitreto de ferro.

O endurecimento por precipitação de carbonetos é feito por meio de elementos formadores de carboneto, carbonitreto ou nitreto. Mais adiante será visto como cada elemento influi nesse mecanismo de endurecimento.

A forma e o tamanho da perlita influenciam muito as propriedades mecânicas dos aços. Assim, a influência dos elementos de liga no crescimento da perlita tem um papel importante para o produto final na microestrutura do aço. Todos os elementos de liga retardam a reação perlítica, com exceção do cobalto. Os elementos estabilizadores de austenita, como o manganês e o níquel, diminuem a temperatura eutetóide e assim retardam a transformação perlítica. Os elementos estabilizadores da ferrita, como o molibdênio, o cromo ou o silício, elevam a temperatura eutetóide e, portanto, a transformação perlítica começa a temperaturas mais altas que no aço binário Fe-C. Entretanto, a temperaturas mais baixas, a velocidade da transformação é geralmente mais lenta que no aço binário Fe-C eutetóide. A influência dos elementos de liga no crescimento da perlita depende do grau de supersaturação, ou seja, o tempo que a transformação leva para acontecer. Se a supersaturação for pequena, a difusão dos elementos de liga terá maior efeito, porém, no caso de se ter maior supersaturação, o processo é principalmente controlado pela difusão do carbono.

b) AÇOS TRATADOS TERMICAMENTE

Os aços estruturais tratados termicamente são usados para construção mecânica, que necessitam ter uma combinação adequada de resistência e tenacidade. A obtenção dessa combinação é conseguida por meio de tratamento térmico de têmpera e revenimento. Para peças pequenas, isto é, peças que possuam seções pequenas, pode-se conseguir essa combinação utilizando-se um aço-carbono sem elementos de liga. Ao se adicionar elementos de liga, visa-se obter propriedades mecânicas adequadas em seções grandes de peça. A adição de elementos de liga é, pois,importante para aumentar a temperabilidade do aço, abaixando as temperaturas de início e final de formação da martensita (M_s e M_f). Nesses aços, eles são adicionados em baixos teores, por exemplo: 1.10% Cr, 2,0% Ni e 0,30% Mo (**ver Cap. 4**). Em geral, a adição de elementos de liga altera o diagrama de equilíbrio, porém faz surgir novos constituintes estruturais (exceto em alguns casos: formação da fase sigma nos aços inoxidáveis ou ocorrência de elementos precipitados, como o cobre, ou dispersos, como o chumbo, na estrutura).

A temperabilidade de um aço está diretamente relacionada com o seu teor de carbono. Porcentagens de carbono altas dão ao aço-carbono maior temperabilidade, porém maior suscetibilidade à formação de trincas durante a têmpera. Os aços de alta resistência com elementos de liga podem conter teores de carbono mais baixos, de 0,25% a 0,65%C. Nesse intervalo, um aço sem elementos de liga seria suscetível ao aparecimento de trinca em seções grandes durante a têmpera. Assim a adição de elementos como cromo, níquel e molibdênio permite uma têmpera de um aço com menor teor de carbono e, portanto, sem o risco de trincas. O produto que se forma pela transformação de austenita em menor velocidade resulta numa estrutura melhor para as propriedades do aço. A diminuição da velocidade de transformação da austenita promove sua transformação em martensita e bainita inferior com resfriamentos mais lentos, o que seria improvável num aço-carbono, eliminando-se a formação de trincas internas que mais tarde resultariam em trincas externas.

Os fatores que afetam a temperabilidade dos aços são: 1º) tamanho de grão da austenita; 2º) teor de carbono; e 3º) teor de elementos de liga.

Quanto maior for o grão da austenita, isto é, a área do contorno de grão por unidade de volume da austenita, maior será a densidade de lugares para a nucleação de produtos não desejáveis numa têmpera (bainita superior, perlita ou ferrita). Por conseguinte, quanto mais refinado o grão da austenita quando temperada e revenida, mais se obtém produto tenaz e resistente.

O aumento de teor de carbono faz aumentar a temperabilidade dos aços-carbono, atingindo-se um pico entre 0,7% e 0,8% C.

A adição de elementos de liga, como cromo, níquel, molibdênio e manganês, permite que o teor de carbono possa ser reduzido para se obter a mesma temperabilidade. Esses elementos devem ser escolhidos de modo a produzirem o máximo atraso no revenimento e um mínimo abaixamento da temperatura M_s. Assim, o carbono deve ser o mais baixo possível; o silício e o cobalto são particularmente efetivos; e o molibdênio é o elemento preferido do grupo molibdênio, tungstênio e vanádio, pois ele é mais fácil de ficar em solução que o vanádio e mais barato que o tungstênio. Além disso, a formação da cementita é retardada pelos elementos de liga formadores de carbonetos. Uma vez formados esses carbonetos, eles são de dissolução mais difícil na austenita que na cementita (Fe_3C). Os elementos níquel e manganês retardam a formação de perlita e introduzem a transformação bainítica.

c) AÇOS NÃO TRATADOS TERMICAMENTE

Os aços estruturais não tratados termicamente são os que não possuem uma resistência tão alta como os anteriores, nos quais, porém, são adicionados elementos de liga para que sua resistência mecânica possa ser mais alta que a dos aços-carbono. Neste caso, são outros os mecanismos que aumentam a resistência: refino de grão, precipitação e solução sólida. A microestrutura desses aços compõe-se de ferrita e perlita, que têm sua resistência controlada por meio de elementos de liga em baixos teores, tratamento mecânico a quente controlado e resfriamento da peça também controlado. Esses fatores são empregados em combinação para se obter as propriedades de resistência desejadas. Durante a formação da perlita pelo resfriamento do aço, os elementos de liga tendem a se concentrar na ferrita, como o níquel e o manganês, ou na cementita (Fe_3C), como o titânio, molibidênio, cromo e outros.

d) ADIÇÃO DOS ELEMENTOS DE LIGA NOS AÇOS TRATADOS TERMICAMENTE

Nestes aços, os seguintes elementos são incorporados: manganês, silício, níquel, cromo, molibdênio, vanádio, nióbio, boro e alumínio, principalmente. Os elementos de liga diminuem a velocidade de transformação da austenita a temperaturas subcríticas, causando, então, maior temperabilidade.

Em ordem decrescente, os elementos de liga mais usados nos aços de baixa liga que melhoram a temperabilidade são: boro, vanádio, nióbio, molibdênio, cromo, manganês, silício e níquel. Para serem mais efetivos, isto é, aumentar a temperabilidade, estes elementos devem estar dissolvidos na austenita, no aquecimento do aço, de modo que os elementos formadores de carboneto requerem mais atenção durante a autenitização.

Eles permitem velocidades mais baixas de resfriamento para uma dada seção da peça. Dessa maneira, o uso de uma têmpera menos drástica ocasiona menores distorções e menor possibilidade de formação de trincas. Outra vantagem da adição de elementos de liga é o de permitir tratamentos térmicos de austêmpera e martêmpera, que mantêm a um mínimo a formação de trincas resultantes de tensões residuais produzidas por resfriamentos mais bruscos. Uma única exceção é o cobalto, não usado como elemento de liga, por diminuir a temperabilidade.

Os elementos de liga mais comuns usados, o cromo, o molibdênio, o tungstênio, o vanádio e o nióbio, em ordem crescente, são formadores de carbonetos, isto é, eles formam compostos com o carbono, assim como o ferro. Esses carbonetos são difíceis de se dissolver na austenita e requerem mais tempo para sua completa dissolução ou, então, maior temperatura de austenização. Os demais elementos de liga usados dissolvem-se na austenita, não ocasionando esse problema. Como os elementos de liga formadores de carboneto contraem a região austenítica, o tratamento de têmpera só pode ser assegurado dentro de um intervalo limitado do teor de carbono, pois para a têmpera é necessário completa austenização do aço, principalmente quando for alto o teor desses elementos.

No revenimento, o efeito dos elementos de liga é retardar a velocidade de amolecimento, ocasionando uma temperatura mais alta para revenir os aços-liga, a fim de obter uma dada dureza. Exemplificando: no revenimento de um aço-carbono a uma temperatura T_1, obtém-se uma dureza D. Para se obter uma dureza D no aço-liga, deve-se reveni-lo a uma temperatura T_2 mais alta que T_1.

Os elementos não formadores de carboneto permanecem dissolvidos, endurecem o aço somente por solução sólida, não tendo, pois, efeito predominante no endurecimento após o revenimento. É o caso do níquel, manganês, silício e alumínio. Para aços a serem trabalhados mecanicamente a frio, esses elementos devem ser evitados em grandes teores. Portanto, nesse caso, acalma-se o aço com alumínio em vez de com silício, pois este endurece muito a ferrita. Para aumentar a temperabilidade, usa-se o manganês, que não é muito endurecedor da ferrita como o silício. Este é um exemplo de como se deve utilizar os elementos de liga, conforme o caso que se apresenta.

O aparecimento de austenita retida na têmpera pode ser causado por alto teor de carbono + alta porcentagem de elemento de liga (principalmente os elementos estabilizados de austenita, níquel e alumínio) + alta temperatura da têmpera (que causam grãos austeníticos muitos grandes).

Os elementos que formam carbonetos são os que retardam o amolecimento pelo revenimento, principalmente a temperaturas mais altas de revenimento. Eles também podem causar o endurecimento secundário. Também a transformação de alguma austenita retida aumenta a dureza durante o revenimento.

e) ADIÇÃO DOS ELEMENTOS DE LIGA NOS AÇOS NÃO TRATADOS TERMICAMENTE

Nestes aços de baixa-liga, obtém-se o refino do grão pela adição de nióbio, vanádio, titânio ou alumínio. O refino do grão aumenta a tenacidade do aço. Outra maneira de se elevar a resistência desses aços é por meio de precipitação de partículas, como a precipitação de carbonetos e nitretos formados pelos elementos de liga [como o nitreto de vanádio (VN), que se precipita na ferrita durante o resfriamento do estado austenítico]. Essas precipitações acontecem geralmente durante o resfriamento numa operação de trabalho mecânico a quente, que produz aumento acentuado da resistência. O carboneto de nióbio (NbC) precipita-se esparsamente nos contornos de grão. Em geral, os elementos de liga utilizados na precipitação são adicionados em teores bem baixos (nióbio, vanádio, titânio), combinando-se com carbono e nitrogênio para formar carbonetos, nitretos ou carbonitretos. Um outro elemento usado no endurecimento desses aços por precipitação é o cobre em teores um pouco mais altos (de 1,0% a 1,5%). O endurecimento se dá pelo agrupamento de átomos de cobre na ferrita. Nestes caso, não há formação de compostos intermetálicos ou formação de compostos com carbono e nitrogênio.

Durante a confecção de produtos trabalhados a quente, no campo austenítico, o resfriamento do aço produz uma microestrutura composta por ferrita e perlita. No entanto, trabalhando-se com um aço contendo um teor mais alto de carbono (cerca de 0,85%), pode-se obter uma estrutura bainítica no resfriamento adicionando-se molibdênio e boro ao aço. Para isso, o aço deve ficar com uma granulação fina pela adição, por exemplo, de nióbio. Este é outro exemplo da manipulação dos elementos de liga que pode ser feita para melhorar as propriedades do aço.

f) ALTERAÇÕES GERAIS CAUSADAS PELOS ELEMENTOS DE LIGA

1) Podem formar soluções sólidas ou compostos.
2) Podem alterar a temperatura de ocorrência de transformação de fase. Exemplo: manganês e silício abaixam a

temperatura do eutetóide; titânio, molibdênio, silício, tungstênio e cromo elevam.

3) Podem alterar a solubilidade do carbono no ferro γ e no ferro α. Exemplo: abaixam o teor de carbono do eutetóide (níquel, cromo, manganês, silício, tungstênio, titânio, molibdênio).
4) Podem alterar a velocidade de reação de transformação (decomposição) da austenita.
5) Podem alterar a velocidade de solubilização da cementita na austenita durante o aquecimento do aço.
6) Podem diminuir o amolecimento causado pelo revenimento. Exemplo: elementos fornecedores de carbonetos.
7) Podem intensificar a ação do teor crescente de carbono no aumento da resistência mecânica do aço.
8) Dissolvem-se na ferrita em vários graus, conforme o elemento de liga: os elementos com tendência à formação de carbonetos o fazem, quando o carbono estiver presente em teores suficientes, e dissolvem-se muito pouco na ferrita endurecendo-a, porém a maior parte fica na forma de carboneto. Os elementos não formadores de carbonetos são mais efetivos no aumento da resistência da ferrita por solução sólida. A potência de alguns elementos no aumento da resistência mecânica da ferrita é a seguinte: C (mais efetivo), P, Mo, Mn, Si, Cu, Cr e Ni (menos efetivo).
9) Alguns elementos presentes formam compostos (principalmente com elementos não-metálicos) que se localizam na estrutura como inclusões.

g) DESCRIÇÃO DO EFEITO DE CADA ELEMENTO DE LIGA

Por questão de melhor entendimento, serão aqui repetidas as quatro categorias nas quais os elementos de liga atuam:

1º) Elementos formadores de carboneto — Quando em presença de teores não muito baixos de carbono, os seguintes elementos formam compostos com o carbono, em ordem decrescente: Ti, Nb, V, Ta, W, Mo, Cr, e Mn.

2º) Elementos não formadores de carboneto — Os seguintes elementos exibem uma tendência bem menor de formação de carbonetos: Si, Al, Cu, Ni, Co, P e Zr.

3º) Elementos formadores de nitreto: alumínio, silício e boro.

4º) Elementos formadores de carbonitreto: cromo, vanádio, nióbio e titânio.

É de se notar, entretanto, que os efeitos de um único elemento podem ser modificados de certa maneira pela influência de outros elementos presentes na liga, porém essa modificação na maioria das vezes não é muito intensa.

MANGANÊS

O manganês, quando dissolvido na ferrita, aumenta bastante sua dureza e resistência mecânica, reduzindo bem pouco sua ductilidade. É, pois, útil no aumento da resistência dos aços doces.

Quando o manganês está dissolvido na austenita, ele a estabiliza, aumentando sua temperabilidade moderadamente. O manganês tem tendência pouco maior que o ferro a formar carboneto e, por isso, tem pouca ação no revenimento do aço após têmpera nas porcentagens em que geralmente aparece nos aços de baixa e alta resistência (até 1% nos aços tratados termicamente).

A função principal do manganês é combinar-se com o enxofre, formando o sulfeto de manganês(MnS), impedindo que se forme o sulfeto de ferro (Fes), que fragiliza o aço, principalmente a temperaturas mais altas. O sulfeto de manganês não contribui para a fragilização. Assim, o metal pode ser trabalhado a quente sem problemas. Os teores de manganês sempre encontrados nos aços (0,5% Mn) já são suficientes para essa finalidade.

O manganês não é comumente usado para desoxidar o aço, pois, para isso, existem outros elementos mais eficazes.

O manganês, quando em teores mais altos, tem também a capacidade de refinar o grão da perlita nos aços de baixo carbono pela diminuição da temperatura de transformação da austenita, aumentando a tenacidade do aço-carbono.

O manganês reduz o intervalo de temperatura de transformação dos aços-carbono. Quando se tem um aço de médio ou alto carbono, além de endurecer a ferrita nos aços não tratados termicamente, o manganês influencia também a redução do grão da perlita aumentando a tenacidade do aço. Entretanto, aumentando-se o teor de manganês num aço de médio carbono (de 0,5% a 0,6% C), este elemento reduz mais consideravelmente a ductilidade do aço, principalmente quando se tem uma estrutura perlítica lamelar devido ao recozimento, porém com aumento da resistência: com cerca de 4% Mn, a perlita é refinada, deixando de ser lamelar e atinge-se então boa resistência mecânica. O manganês mais alto corresponde, pois, a um teor de carbono mais baixo para se ter uma determinada resistência, porque, refinando o grão, o manganês eleva os limites de escoamento e de resistência do aço. Esse fato é encontrado em estruturas laminadas, nas quais o manganês ainda contribui para a diminuição do envelhecimento por deformação.

Quando o manganês está presente como elemento de liga, ele melhora a ductilidade a esforços estáticos e dinâmicos, além de elevar a resistência dos aços. Em aços de baixo carbono (0,05% aproximdamente) recozidos ou normalizados, o manganês diminui a tendência à formação de filmes de cementita nos contornos de grão, aumentando a tenacidade do material. Em aços de carbono mais alto, a presença de perlita é mais influente, de modo que o manganês não tem efeito marcante na ductilidade e tenacidade.

Nos aços tratados termicamente, o manganês influi na temperabilidade da austenita do aço eutetóide por abaixar a temperatura do eutetóide, além de abaixar também a porcentagem de carbono do eutetóide. Assim, as propriedades mecânicas conseguidas com aços-carbono eutetóides podem ser obtidas com um teor de carbono mais baixo nos aços contendo manganês mais elevado, o mesmo acontecendo com adição de níquel. O mesmo se pode dizer utilizando-se também temperaturas para têmpera mais baixas que as usadas nos aços-carbonos. O manganês é fraco refinador do grão da austenita.

No resfriamento após austenitização, ele refina o grão perlítico, como já foi mencionado, e diminui a velocidade de resfriamento crítica para a transformação em produtos aciculares (bainíticos) durante o resfriamento para a têmpera. Esta diminuição da velocidade de transformação da austenita significa que o manganês confere uma temperabilidade um pouco maior ao aço, principalmente quando o manganês está presente em teores maiores que 1%, sendo considerado como elemento de liga. Com isso, o manganês abaixa as temperaturas de transformação da austenita e, com altos teores de carbono, ele favorece a retenção da martensita após a têmpera.

Nos aços de baixo carbono, o manganês é um dos elementos mais eficazes para abaixar a temperatura de transformação bainítica por sua alta solubilidade na austenita. Em teores de cerca de 1%, ele favorece a formação de bainita no resfriamento do estado austenítico.

No revenimento, o manganês se comporta de maneira semelhante ao carbono, mas reduz a velocidade de amolecimento da estrutura temperada, produzindo um material com maior dureza e resistência. Quando o manganês está em teores de 1% ou mais, ele pode ser considerado elemento de liga e, portanto, dá à martensita revenida uma dureza maior do que se estivesse em teores residuais como nos aços-carbono (até 0,30%) para um mesmo tempo de temperatura de revenimento. No entanto, o manganês aumenta a austenita retida após uma têmpera com resfriamento em óleo.

Em teores entre 1% e 1,35%, o manganês confere boas propriedades ao impacto, fazendo a temperatura de transição dúctil-frágil do aço diminuir, podendo assim o material ser empregado em temperaturas mais baixas.

O manganês aumenta a sensitividade a trincas em juntas soldadas, principalmente quando a porcentagem de carbono é alta.

Nos aços para fundição, o manganês aumenta sua fluidez.

O manganês atenua ou elimina o envelhecimento causado pelo nitrogênio por retardar a precipitação de nitretos.

Finalmente, o manganês contribui para o aumento da resistência à corrosão atmosférica e em ácidos, embora não seja adicionado para essa finalidade, pois esse aumento não é grande.

SILÍCIO

O silício promove a grafitização, porém esse efeito só é significativo quando em teores mais altos. Portanto, ele tende a decompor a cementita (Fe_3C) em carbono livre. Além disso, o silício diminui o campo da fase ferro γ até um teor de 2% Si e com 3,3% Si desaparece por completo a fase γ, sendo, pois, o silício estabilizador da ferrita. Tendo a propriedade de grafitizar, ele faz baixar a solubilidade do carbono no ferro, ficando rejeitado como grafita, o que é indesejável à resistência mecânica e à ductilidade do aço. Dessa maneira, os aços ao silício (com teor mais alto de silício) devem conter um teor bem baixo de carbono para evitar a formação de grafita (abaixo de 0,10% C) (*ver Cap. 6*).

Nos teores usados para acalmar o aço, o silício contribui para aumentar a tenacidade; assim, os aços acalmados são mais tenazes e dúcteis que os demais.

Em aços doces laminados com teor de carbono entre 0,05% e 0,07%, teores de 0,40% a 2,40% Si e mantendo-se não muito altos os teores de manganês, fósforo e enxofre, o silício fica solubilizado na ferrita, aumentando sua dureza e resistência mecânica, não diminuindo muito a ductilidade; a tenacidade, porém, cai bastante com o aumento de teor de silício, principalmente em aços normalizados.

O silício promove o crescimento do grão nos aços doces em altas temperaturas. Nos aços de médio e alto carbono, ele diminui o teor de carbono no eutetóide.

Para o aquecimento até a região austenítica, o aumento de teor de silício faz exigir temperaturas mais altas de austenização. O silício tem moderada eficácia na temperabilidade do aço que contenha elementos não-grafitizantes. No revenimento, porém, o silício em teores acima de 0,30%, isto é, acima dos teores comuns em aço carbono, produz o aumento da dureza do aço revenido devido ao aumento da resistência da ferrita causado pelo silício dissolvido, quando a ferrita contém partículas de carboneto. Sendo estabilizador da ferrita, o silício, quando em teores altos, sempre provoca o aparecimento de alguma ferrita no aço revenido.

Em aços com cerca de 0,5% C, a combinação Si-Mn pode causar fragilidade ao revenido, quando o resfriamento da temperatura de revenimento é muito lento. Existem evidências, porém, de que o silício em teores em torno de 2% tem a capacidade de aumentar a temperatura de formação das placas de carboneto que pode ocorrer para causar fragilidade ao revenido, permitindo-se, assim, fazer-se o revenimento em temperaturas baixas sem provocar fragilização nos aços que possuem essa tendência. A fragilização devido à combinação Si-Mn acontece com teores mais altos de manganês (acima de 1% Mn) e de silício (de 1,5% a 2% Si). Nos aços ao silício, porém, o amolecimento causado pelo revenimento é retardado acima de 250°C porque o silício estabiliza também os carbonetos e retarda sua transformação em cementita, evitando a fragilização. Esses aços são adequados aos tratamentos termomecânicos (deformação do material durante o tratamento térmico).

Aços de alto carbono (0,4% C aproximadamente) com alto silício (1,6% Si) e alto molibdênio (0,4% Mo) possuem alta resistência e dureza com boa tenacidade. Esses aços são temperados e revenidos para atingir essas boas propriedades mecânicas.

O silício aumenta a fluidez dos aços para fundição e melhora a resistência à fragilização pelo hidrogênio. NO entanto, o silício diminui a usinabilidade dos aços. Silício é adicionado nos aços para estampagem para agir juntamente com o alumínio para evitar o envelhecimento do aço, formando nitreto. Finalmente, o silício contribui para o aumento da resistência a corrosão em ambiente alcalino.

CROMO

O cromo é um elemento que forma carbonetos estáveis e muito duros nos aços. Ele tem maior tendência a formação de carboneto que o manganês.

O cromo é adicionado nos aços de baixa e alta resistência em teores que variam de cerca de 1% a 1,10%. Com porcentagem de carbono baixa, os aços contendo cromo são dúcteis, porém, com o aumento do teor de carbono, eles se tornam muito duros devido à presença de excesso de carboneto de cromo duro. A ductilidade do aços de baixo carbono é acompanhada de boa tenacidade, mesmo em temperaturas subzero. Entretanto a influência do cromo no aumento da resistência da ferrita é pequena.

O cromo aumenta a temperatura da recristalização da ferrita trabalhada a frio. Com médios e altos teores de carbono, o cromo aumenta o tempo necessário para a transformação isotérmica da austenita em perlita no intervalo de temperaturas de acima de 540°C e em bainita em temperaturas mais baixas. Além disso, com teores de cromo acima de 2% ou 3%, ocorre a supressão da formação de perlita com teores baixos e médios de carbono, ocasionando a formação de bainita no resfriamento contínuo.

Quando se têm aços de médio carbono normalizados, cerca de 2% a 3% Cr fazem a perlita ficar mais fina durante o resfriamento, aumentando a resistência mecânica do aço. Com teores de cromo ainda mais altos, a perlita se torna um produto lamelar que contém ferrita, cementita e carboneto de cromo (Cr_7C_3).

O cromo, nos teores usados nos aços estruturais tratados termicamente, não altera a temperatura de austenitização, aumentando moderadamente a temperabilidade dos aços. A presença de carbonetos e de ferrita na austenita antes do resfriamento, ou seja, com pouco tempo para completar a austenitização, é útil para controlar o tamanho de grão, a austenita retida e a temperabilidade para se obter boa tenacidade e soldabilidade.

O cromo sozinho é fraco refinador de grão da austenita. No resfriamento do aço austenitizado, a transformação é retardada, formando-se constituintes mais duros (aços com até 2% Cr tornam-se perlíticos e, com 2 a 5% Cr, bainíticos).

Os carbonetos de cromo, sendo muito duros, conferem aos aços grande resistência ao desgaste e grande capacidade de corte. Esses carbonetos de cromo são de difícil dissolução na austenita.

No revenimento, o cromo torna menos intenso o amolecimento do aço. Além disso, o cromo (assim como outos elementos formadores de carboneto) provoca o endurecimento secundário no revenimento em temperaturas variando de 500 a 600°C sem perda de tenacidade. Esse fato é devido à substituição do carboneto de ferro pelos carbonetos desses elementos, que se formam como partículas finas. O cromo é importante para se conseguir a formação de bainita nos aços de alta resistência e baixa liga, pois a bainita inferior é o constituinte ideal num aço temperado e revenido de alta resistência.

O cromo evita a grafitização (oposto ao silício), deixando a estrutura esferoidizada.

O cromo reduz a tendência à formação de trincas durante o resfriamento da têmpera; além disso, ele melhora a resistência do aço à fragilização pelo hidrogênio.

O principal efeito do cromo é o de aumentar a resistência à corrosão e à oxidação, conforme será visto em outro capítulo. Por ora, pode-se afirmar que, para serviços em altas temperaturas, o cromo adicionado ao aço, além de melhorar a resistência à corrosão e oxidação, aumenta as propriedades mecânicas de resistência. Teores mais altos de cromo (de 5% a 7%) são mais efetivos para o combate à corrosão por sulfeto em altas temperaturas.

NÍQUEL

Como o níquel não tem tendência a formar carboneto, ele fica em solução sólida no aço fazendo diminuir a temperatura de transformação da austenita em ferrita. O níquel aumenta a resistência mecânica e a dureza da ferrita, sem diminuir sua ductilidade e tenacidade até um teor de 5%. Em aços de baixo carbono, o níquel evita a formação de cementita nos contornos de grão de aços normalizados contribuindo para o aumento da ductilidade, como o manganês. Quando o teor de carbono é muito alto, o aço não tem boa soldabilidade: o níquel melhora a soldabilidade desses aços.

Com teores de carbono até 0,1%, o níquel torna a perlita mais fina, aumentando, portanto, sua resistência e tenacidade em baixas temperaturas. Esse refino da perlita se dá devido à transformação da austenita acontecer em temperaturas baixas. Além disso, o níquel aumenta a porcentagem de perlita mais resistente, permitindo-se usar um aço com menor teor de carbono para se obter maior resistência.

O níquel promove o aumento da resistência à fadiga em aços de médio e alto teor de carbono.

Como o níquel e o manganês abaixam a temperatura do eutetóide, eles permitem temperaturas de aquecimento na região austenítica mais baixas, reduzindo-se a tendência à formação de escamas, empenamentos e trincas no aço temperado. O aumento da temperabilidade pelo níquel é moderado e ele tende a reter a austenita quando se têm teores de carbono mais elevados, não deixando a austenita se transformar completamente em martensita durante a têmpera; daí a formação de bainita é favorecida, quando se tem cerca de 1% C.

O níquel sozinho quase não altera a forma das curvas dos diagramas de transformação isotérmica de aços de médio e alto carbono, porém, em conjunto com cromo e molibdênio, o aço com cerca de 0,40% C têm sua curva de transformação isotérmica muito modificada e com uma temperabilidade muito aumentada. Neste caso, a transformação da austenita pela têmpera é fortemente retardada, obtendo-se uma estrutura quase 100% de martensita.

O níquel aumenta a tenacidade mesmo a baixas temperaturas nos aços em geral e diminui a fragilidade ao revenido de aços com teores mais altos de manganês.

Os aços estruturais com níquel possuem menor tendência à corrosão, sendo o elemento utilizado em combinação com o cobre para esta finalidade. O níquel combina-se com o cobre a fim de formar uma liga de alto ponto de fusão, que se mantém sólida durante o aquecimento do aço para o trabalho a quente, evitando a fusão do cobre nessas temperaturas.

O níquel aumenta a fluidez do aço para fundição.

MOLIBDÊNIO

O molibdênio é formador de carboneto, podendo ficar dissolvido no carboneto de ferro ou formando um carboneto complexo (Fe-Mo-C). No entanto, o molibdênio também fica em solução sólida na ferrita. Ele é um elemento de liga que aumenta fortemente a temperabilidade do aço. Não é eficiente para refinar o grão da austenita.

Nos aços de baixo carbono recozidos, o molibdênio aumenta sua resistência mecânica e sua dureza até uma porcentagem de 2%. Com teores maiores, a resistência e a dureza caem, voltando a aumentar a ductilidade. Para baixos teores de molibdênio e enxofre, não se formam carbonetos e todo o molibdênio fica dissolvido na ferrita, aumentando então a resistência do aço recozido. Com teores de molibdênio mais elevados, ocorre o endurecimento do aço por envelhecimento da ferrita. Nesses aços de baixo carbono, o molibdênio tem grande efeito na transformação da austenita em ferrita e perlita, porém com efeito bem menor sobre a transformação bainítica. Entretanto a adição de molibdênio e boro em aço com 0,1% C favorece a transformação austenita-bainita a temperaturas entre 680 e 450°C durante o resfriamento. Na região entre 520 a 680°C, forma-se a bainita superior e, abaixo, forma-se a bainita inferior.

Nos aços de médio e alto carbono já se formam carbonetos que retardam a velocidade de nucleação e crescimento da perlita. Esses carbonetos têm o efeito de aumentar o espaçamento interlamelar da perlita. Com cerca de 0,75% Mo, a estrutura fica consideravelmente modificada, formando-se estruturas parcialmente bainíticas em altas temperaturas. Quanto maior for o teor de molibdênio, mais se formará a bainita, o que não acontece com os aços-carbono. Devido ao longo do tempo para se completar a transformação a altas temperaturas, ocorre também a esferoidização da bainita.

Nos aços tipo eutetóides (0,30% ou mais de carbono) com molibdênio, a ferrita em alta temperatura (cerca de 550°C) tende a precipitar como um constituinte acicular, formando a estrutura de Widmanstätten (formação de uma fase nova do soluto em certos planos cristalográficos do solvente).

Os carbonetos complexos de molibdênio são difíceis de se solubilizar na austenita, exigindo um tempo bem longo. Isso ocorre com teores maiores que 0,50% Mo. No resfriamento ao ar da austenita, a mais ou menos 800°C, forma-se bainita em aços com cerca de 0,70% C e no mínimo 0,50% Mo. No resfriamento em água, forma-se bainita com concentrações menores de carbono e molibdênio. No revenimento acima de 260°C, o molibdênio retarda muito o amolecimento da martensita nos aços de médio e alto carbono, mesmo em teores bem baixos de molibdênio (0,25%). Com teores maiores, o amolecimento é ainda mais retardado, chegando a ocorrer um endurecimento secundário, se o teor de molibdênio chegar no intervalo entre 2% e 5%, em temperaturas em torno de 400 e 600°C. Esse endurecimento secundário também se apresenta em aços de baixo carbono e alto molibdênio (0,10% a 0,25% C e 2% a 4% Mo). Esse fato acarreta perda de ductilidade e tenacidade. Para evitar isso, faz-se o revenimento a temperaturas mais altas para forçar a segregação do carboneto de molibdênio. Obtém-se boa resistência nos aços contendo também cromo, pois o precipitado de Mo_2C ou Fe-Mo-C é mais resistente ao envelhecimento (ou ao superenvelhecimento) que o Cr_7C_3 presente na maioria dos aços-liga com cromo. O molibdênio, portanto, produz temperaturas de revenimento bem elevadas.

Em quantidades acima de 1% Mo nos aços contendo cromo também ocorre o endurecimento secundário, que é uma reação de precipitação com efeito máximo a 550°C.

Nos aços de baixa liga, o molibdênio minimiza o efeito da fragilidade ao revenido. A função do molibdênio é realçada quando o aço de baixa liga também contém cromo ou cromo-níquel ou nos aços ao manganês, para reduzir ou mesmo eliminar a tendência à fragilidade ao revenido.

O molibdênio é o elemento de liga mais efetivo para aumentar a resistência e a dureza do aço a altas temperaturas. Juntamente com o cromo, ele também é útil para diminuir o ataque do aço pelo hidrogênio a temperaturas elevadas, pelo bloqueio da reação devido ao carboneto de molibdênio e de cromo. Ele também aumenta a resistência à corrosão do aço pelo ácido clorídrico (*ver "Aços inoxidáveis"*).

TITÂNIO

O titânio é adicionado ao aço como desoxidante, sendo esta sua função principal. Ele é o elemento com maior tendência à formação de carboneto em altas temperaturas, de sulfeto e de nitreto.

Quando o titânio está dissolvido na austenita, ele aumenta sua temperabilidade, porém, na forma de caboneto, ele tem o efeito de reduzir a temperabilidade do aço.

Para ser elemento de liga, o titânio deve estar presente em teores maiores que 0,03%. Abaixo disso, ele só age como desoxidante, não tendo influência significativa como formador de carboneto.

Nos aços com alto teor de cromo, o titânio forma carboneto estabilizando o carbono e evitando o endurecimento durante o resfriamento ao ar, devido à redução da dureza da martensita. Quando o titânio está dissolvido na ferrita, ele endurece bastante o aço com sacrifício da ductilidade, mas, na forma de carboneto nos aços de baixo cromo, o titânio pode favorecer o endurecimento secundário durante o revenimento.

Com exceção do fósforo, do silício e do berílio, o titânio é o maior endurecedor da ferrita. O titânio também age como refinador de grão, como o vanádio, o nióbio e o alumínio, e esse efeito é mantido mesmo a altas temperaturas, principalmente quando age em conjunto com o alumínio. Portanto, o titânio é bom refinador do grão de austenita e, com isso, as propriedades de fluência do aço com titânio tornam-se melhores.

Quando o titânio está em excesso nos aços-carbono de baixo teor de carbono, ele acalma e torna o aço muito resistente ao envelhecimento pela formação de carboneto e nitreto de titânio. Quanto mais houver titânio em excesso, mais a curva tensão-deformação obtida no ensaio de tração do material ficará semelhante à curva dos aços encruados ou de ligas não-ferrosas, isto é, ausência do patamar de escoamento, não importando o tratamento final do aço (normalizado, recozido ou envelhecido após o encruamento). Este é um fator importante para aços destinados a estampagem profunda na forma de chapa. Além disso, o titânio em excesso faz diminuir a tenacidade e a resistência à fadiga e prejudica a usinabilidade do aço pela formação excessiva de inclusões abrasivas.

VANÁDIO

O vanádio é adicionado principalmente para refinar o grão dos aços devido à formação de carboneto e nitreto de vanádio, estáveis até em temperaturas elevadas. O carboneto e o nitreto de vanádio, que se precipitam a temperatura baixa (de 500 a 800°C) na ferrita, também impedem o envelhecimento do aço pelo carboneto ou nitreto de ferro menos estáveis que os de vanádio. Para o aquecimento necessário para solubilizar o carbo-nitreto de vanádio, a temperatura ideal fica no intervalo 1.100-1.150°C. A precipitação do carbonitreto começa primeiramente na austenita e depois prossegue nas temperaturas indicadas acima.

O vanádio é um formador de carboneto tão forte que só se dissolve na ferrita, quando se tem vanádio em excesso. O carboneto aumenta o intervalo de endurecimento de aços de baixa liga; nos aços hipereutetóides, ele fica finamente disperso, influenciando a distribuição dos carbonetos existentes no aço após o trabalho a quente. O vanádio dissolvido na ferrita aumenta moderadamente sua dureza. O carboneto de vanádio é menos solúvel na austenita que os carbonetos de cromo e de manganês, porém é mais solúvel que o carboneto de titânio. Somente o carboneto não dissolvido na austenita é que promove o refinamento do grão.

Nos aços de médio e alto carbono, mesmo com teores muito baixos de cromo, níquel e molibdênio, o vanádio aumenta bastante a resistência mecânica, a ductilidade e a tenacidade, devido à estabilização da estrutura de grãos finos nos aços austenitizados durante o aquecimento para os tratamentos de têmpera e de normalização.

Como o alumínio, o vanádio aumenta o intervalo de endurecimento dos aços perlíticos. No resfriamento rápido, o vanádio retarda a transformação da austenita, quando ele está dissolvido nela, porém, na forma de carboneto ou nitreto, o vanádio aumenta a velocidade de tranformação da austenita porque as partículas de carbonetos e nitretos agem como nucleantes.

No revenimento, o vanádio retarda o amolecimento da estrutura martensítica provocando temperaturas bem elevadas para o revenimento, por ficar em solução, principalmente quando o níquel está presente. Pode haver endurecimento secundário acima de 0,5% V no intervalo de temperaturas de 500 a 600°C nos aços de baixa liga, devido à precipitação dos carbonetos. Altas adições de vanádio produzem a formação do carboneto (V_4C_3) que fica não dissolvido.

Nos aços fundidos, o vanádio melhora a usinabilidade, porém diminui sua fluidez; nos aços soldados, o vanádio evita o endurecimento e a fragilização da zona afetada pelo calor durante a operação de soldagem. A adição de 0,5% V em conjunto com 2,0% Mo provoca a não-formação de carbonetos separados durante o revenimento, ficando o carboneto na forma Mo_2C.

O vanádio retém a dureza do aço em temperaturas elevadas e aumenta o limite de fadiga do material. Seu teor nos aços estruturais de alta resistência varia de 0,10 a 0,25%. Quando ele está em teores mais altos (0,17% a 0,20%), o vanádio dificulta o processo de soldagem favorecendo o aparecimento de trincas durante o reaquecimento para o tratamento térmico de alívio de tensões.

Como o vanádio não é desoxidante, ele é usado nos aços efervescentes para estampagem profunda nos teores de 0,02% a 0,05% para evitar o envelhecimento do aço.

No tratamento mecânico de forjamento de aços de médio carbono, o carbonitreto de vanádio fica em solução no forjamento a quente e, durante a operação e no resfriamento subseqüente, o carbonitreto de vanádio promove o endurecimento do material por precipitação.

TUNGSTÊNIO

O tungstênio em baixos teores aumenta fortemente a temperabilidade da austenita e restringe o endurecimento secundário durante o revenimento ou, pelo menos, o endurecimento é menos intenso que no caso do molibdênio. Ele tem maior tendência a formar carboneto que o molibdênio, cromo e manganês.

Comparando-se o tungstênio com outros elementos de liga formadores de carboneto, ele é um leve endurecedor da ferrita de baixo carbono. Nos aços perlíticos de médio e alto carbono, ele suprime a formação de perlita lamelar, quando o aço é resfriado para laminação acima do intervalo de transformação. Com resfriamento mais rápido, são produzidas estruturas do tipo Windmanstätten, fazendo a ferrita ficar dispersa, não seguindo os contornos de grão originais da austenita. Com resfriamento mais lento, faz os carbonetos tomarem a forma esferoidal. O tungstênio aumenta a dureza e a resistência mecânica dos aços normalizados e recozidos.

Na têmpera, o tungstênio estreita o intevalo da austenita e é um elemento estabilizador da ferrita, assim como formador de carboneto. Diminui o tamanho do grão da austenita devido aos carbonetos não dissolvidos, que restrigem o crescimento do grão. A baixas temperaturas de austenitização, a temperabilidade conferida pelo tungstênio não é tão alta como a temperaturas mais altas, nas quais maior quantidade de carboneto fica dissolvida.

Quando o tungstênio se apresenta em teores altos, ele é mais usado na fabricação de aços especiais. No Cap. 6 será visto com mais detalhes o efeito do tungstênio nos aços, pois, sendo um elemento muito caro, ele só é utilizado para aços especiais e somente em alguns casos em aços de alta resistência e baixa liga.

COBRE

O cobre dá ao aço resistência à corrosão atmosférica, sendo útil para os aços não revestidos, quando em porcentagem pequena (em torno de 0,25%); quando em porcentagens mais altas, o cobre aumenta a fluidez dos aços fundidos, além de elevar a resistência mecânica da ferrita sem prejuízo da ductilidade de aços recozidos, normalizados ou de baixo carbono endurecidos por precipitação, principalmente em produtos trabalhados mecanicamente.

O cobre não tem efeito importante na temperabilidade dos aços e influencia apenas quando o teor do carbono for alto (aproximadamente 0,9% C). Ele retarda o amolecimento pelo revenimento.

O aumento da resistência à corrosão atmosférica (oxidação) é devido à formação de uma crosta mais aderente na supefície do metal, oferecendo uma proteção ao aço. Não adianta aumentar a porcentagem de cobre que o efeito não será acentuado. O aço efervescente com cobre é muito mais resistente à corrosão atmosférica que os aços efervescentes comuns sem cobre ou que os aços acalmados com alumínio. A formação de películas de óxidos pouco porosas e aderentes à superfície do aço protege-a contra a ação da atmosfera, dificultando a continuação do processo corrosivo. Para chapas finas de aço, usa-se o cobre em teores de até 0,15% nos aços acalmados para proteção à corrosão.

Aços de baixa liga podem conter cobre com outros elementos, tais como cromo e fósforo, cromo e níquel ou com molibdênio, para se obter uma resistência à corrosão atmosférica ainda maior que nos aços-carbono. A pintura de chapas de aço contendo cobre tem melhor desempenho do que no aço sem cobre.

Quando o aço laminado ou forjado contém maior porcentagem de cobre (de 0,5% a 0,6%), ele deve conter também um teor de níquel de no mínimo um terço do teor de cobre para evitar a tendência à formação de trincas de laminação e de forjamento, além de causar um leve aumento da resistência mecânica no aço.

O cobre não prejudica as características de estampabilidade dos aços, porém prejudica a qualidade superficial dos aços. Os aços para mancais com cobre possuem melhor resistência mecânica devido ao endurecimento por precipitação.

COBALTO

O cobalto não é um elemento de liga muito utilizado para os aços de baixa liga. Sua característica principal é a de diminiuir a temperabilidade do aço. O cobalto endurece muito a ferrita, mesmo em altas temperaturas, porque fica dissolvido nela e conserva a dureza da martensita durante o revenimento, também por permanecer em solução sólida.

O cobalto tem tendência igual à do ferro para formar carboneto. O cobalto é usado em aços de alta resistência com altas porcentagens de elementos de liga, como, por exemplo, nos aços-ferramenta.

FÓSFORO

O fósforo não é considerado um elemento de liga, embora esteja sesmpre presente nos aços como elemento residual. Ele é estabilizador da ferrita, endurecendo-a bastante por entrar em solução nela em aços de baixo carbono. Com isso, ele fragiliza muito o material; entretanto, em teores baixos, o fósforo pode ser admitido, principalmente com baixos teores de manganês, para melhorar a estampabilidade profunda de chapas de aço de baixo carbono acalmado com alumínio, eliminando o efeito negativo do manganês neste caso.

O fósforo aumenta fracamente a temperabilidade da austenita além de aumentar a possibilidade de fragilidade ao revenido. Além disso, ele aumenta também a resistência à corrosão atmosférica e em ambientes ácidos dos aços estruturais, em teores de até 0,15%, quando o cobre está presente. A fragilização que o fósforo apresenta é a razão principal de se mantê-lo em teores residuais nos aços, pois com teores mais altos a fragilidade fica acentuada pela formação excessiva de fosfeto de ferro. Admite-se fósforo mais alto quando o aço precisa ter maior usinabilidade (ver Cap. 4).

ALUMÍNIO

O alumínio é utilizado como desoxidante, desgaseificante, refinador de grão e, principalmente, para acalmar os aços de baixo carbono. Ele tem a capacidade de endurecer muito a ferrita por entrar em solução sólida nela. A maneira de desoxidar o aço influencia o controle do tamanho de grão da austenita: usando-se alumínio, o aço terá a tendência de ficar com grãos finos pela distribuição muito fina de A_2O_3, que age como núcleos que promovem a estrutura de grãos mais finos.

O alumínio aumenta moderadamente a temperabilidade do aço, quando dissolvido na austenita. Ele refina o grão de ferrita e da austenita devido à formação e precipitação de óxido e nitreto de alumínio, que obstruem o crescimento do grão, impedindo ainda a fragilização do aço. Além disso, o alumínio evita a porosidade em peças fundidas.

Para a produção de chapas finas de aço acalmado por laminação, o excesso de alumínio pode provocar trincas de laminação. Outra utilização do alumínio é a adição nos aços para estampagem, a fim de formar nitreto de alumínio, que é mais estável que o nitreto de ferro; este causa problemas de envelhecimento ao aço, como já foi mencionado. Aço acalmado com alumínio não envelhece e é mais dúctil e tenaz que os aços não-acalmados.

ENXOFRE

O enxofre está sempre presente nos aços como elemento residual em baixos teores. Ele é considerado elemento prejudicial às propriedades mecânicas do aço, pois pode ocasionar fragilidade a frio e a quente, ou seja, baixa resistência ao impacto, baixa ductilidade e baixa resistência à fadiga, pela formação do sulfeto de ferro, que se localiza nos contornos de grão da ferrita e da perlita.

A dessulfuração do aço é feita principalmente pelo manganês, que forma o sulfeto de manganês que fica uniformente distribuído pela estrutura. O sulfeto de manganês possui baixo ponto de fusão e grande plasticidade, e, eliminando o sulfeto de ferro, não causa os prejuízos citados. A dessulfuração pode ser também feita por meio de cálcio e dos metais constituintes do grupo dos terras-raras, que são também desoxidantes. Os sulfetos de metais como o cério (do grupo dos terras-raras) não são muito plásticos e mantêm a forma globular de solidificação durante a laminação a quente, minimizando a anisotropia das propriedades mecânicas do aço. A anisotropia é prejudicial à ductilidade na direção perpendicular à direção de laminação. Como o cálcio e os metais terras-raras são também desoxidantes, o teor de oxigênio nos aços deve ser baixo para que o rendimento da dessulfuração seja bom. O teor de enxofre nos aços deve estar sempre baixo, no máximo até 0,030%.

Como o enxofre contribui para melhorar a usinabilidade dos aços-carbono, são admitidos teores mais altos deste elemento nos aços ressulfurados (*ver Cap. 4*).

Quando se deseja melhorar a estampabilidade de aços de baixo carbono, deixa-se um certo teor de enxofre livre, diminuindo-se o teor de manganês do aço. Também em aços para mancais, a presença de enxofre melhora a usinabilidade, quando o enxofre está presente como sulfeto, e a resistência à fadiga.

O enxofre fornece um aumento ligeiro da resistência à corrosão dos aços em ambientes ácidos, porém diminui sua soldabilidade e prejudica a qualidade superficial do aço por ter alta segregação quando na forma livre.

OXIGÊNIO

O oxigênio é elemento geralmente nocivo nos aços por lhe causar fragilidade e é eliminado pela adição de elementos desoxidantes (carbono, manganês, silício, alumínio e zircônio), que reagem com o oxigênio, formando partículas de óxidos. Desta maneira, o oxigênio é removido dos contornos de grão, local onde o oxigênio fragiliza os aços.

NIÓBIO

O nióbio é formador de carboneto e carbonitreto, além de ser refinador de grão. Como o nióbio não é desoxidante, pode aumentar a resistência mecânica dos aços semi-acalmados, ao contrário do titânio, por exemplo, que é desoxidante e não pode ser usado nesses aços para tal finalidade.

Em quantidades bem pequenas (até 0,03%), ele tem uma grande influência na obtenção de aços de alta resistência. A adição de nióbio aos aços permite obter vantagens econômicas associadas com a possibilidade de manipulação para produzir refino de grão e alta resistência, dureza e tenacidade com teores de carbono suficientemente baixos (aços ferríticos) e que possuem, por isso, boa soldabilidade.

O nióbio tem a vantagem sobre o vanádio por ter maior eficiência. Para se conseguir a mesma resistência com vanádio, seria necessário um teor de vanádio quatro vezes maior que o de nióbio.

A solubilidade do nióbio na austenita depende do teor de carbono: quanto maior for o teor de carbono, menor a solubilidade para uma determinada temperatura de austenização. Para que o nióbio atue no refino do grão durante o trabalho mecânico a quente é preciso que ele fique em solução na austenita.

O nióbio retarda a transformação austenita-ferrita, provocando, pois, aumento da temperabilidade. O aumento da resistência da ferrita provém da precipitação dispersa de carboneto ou carbonitreto de nióbio, que se formam em altas temperaturas. Aços contendo nióbio laminados e tratados termicamente exibem um grão mais fino tanto da austenita como da ferrita e perlita. Na austenita, o refino do grão é devido ao nióbio em solução, que retarda sua recristalização durante o trabalho mecânico ou à precipitação de carbonetos grandes não dissolvidos e formados pela precipitação durante o trabalho mecânico a quente, ou ainda ao coalescimento de precipitados finos durante a normalização, que bloqueiam os contornos de grão da austenita. A solubilização dos carbonitretos de nióbio na austenita só se dá a altas temperaturas (1.300°C aproximadamente). Na ferrita e perlita, o refino de grão é devido ao precipitado na austenita, que detém o crescimento da ferrita e aumenta os lugares para sua nucleação. Assim, aços com nióbio normalizados possuem excelente tenacidade pelo refino do grão, com uma temperatura de transição dúctil-frágil bem baixa.

O poder de desoxidação do nióbio, assim como do vanádio, é muito menor que o do alumínio, silício ou titânio; portanto, o nióbio (e o vanádio) pode ser efetivamente usado em aços semi-acalmados. Aços com adições de nióbio apresentam características semelhantes aos aços acalmados com alumínio para estampagem extraprofunda, porém com valores maiores de anisotropia plástica, o que favorece a operação de estampagem.

O nióbio aumenta a temperabilidade do aço quando a temperatura de austenitização for mais alta (> 1.050°C). A temperaturas mais baixas de austenitização, o nióbio pode até diminuir a temperabilidade pela difícil solubilização dos carbonetos ou carbonitretos de nióbio na austenita.

BORO

O boro aumenta muito a temperabilidade dos aços hipoeutetóides (aços-carbono ou aços-liga), porém diminui a temperabilidade dos aços hipereutetóides. Para aços hipoeutetóides, portanto, o boro possibilita a substituição de aços de média e alta liga com níquel, cromo e molibdênio por aços ao boro para algumas finalidades.

O efeito maior do boro se dá quando se tem tamanho de grão da austenita mais fino, ou seja, a austenitização deve ser conduzida em temperaturas baixas no campo γ, senão pode haver perda do efeito do boro. O teor necessário varia de 0,0005% a 0,003%. Nesses teores, o boro está em solução sólida na austenita, ficando algum excesso concentrado nos contornos de grão como carboboreto de ferro e suprimindo ou inibindo, assim, a nucleação de ferrita pro-eutetóide. Com isso, tem-se aumento da temperabilidade pelo atraso da reação austenita-ferrita.

Nos aços hipereutetóides, o aumento do teor de carbono faz aumentar o teor de carboboreto de ferro, diminuindo o teor de boro em solução sólida na austenita. As partículas de carboboreto ficam maiores e servem como lugares de nucleação para a ferrita e perlita, causando, pois, menor temperabilidade. Teores de boro acima de 0,003% ocasionam perda de tenacidade pela precipitação do boreto de ferro nos contornos de grão da austenita. Portanto, o boro tem o efeito de retardar a transformação da austenita em ferrita, perlita ou bainita, principalmente em aços de baixo molibdênio.

Com austenita de grãos mais finos, o efeito do boro é mais acentuado e, como o boro não diminui a temperatura de formação de martensita (M_s), podem-se utilizar meios de têmpera mais severos sem o risco de aparecimento de trincas no aço.

O boro não afeta muito a formação de perlita mas, sim, da ferrita. O boro também retarda a formação de bainita superior e reduz o teor de manganês necessário para produzir boa temperabilidade: por exemplo, uma adição de 0,007% B permite reduzir de 1% para 0,5% Mn num aço com cerca de 0,4% C.

No tratamento de normalização, o boro não produz perlita fina e, portanto, não influi em sua resistência, o que faz os aços com boro normalizados ficarem mais fáceis de ser usinados e trabalhados mecanicamente que os aços com elementos de liga equivalentes de mesma temperabilidade.

No revenimento dos aços com boro, este elemento não eleva a temperatura de amolecimento, sendo que o revenimento pode ser feito a temperaturas mais baixas.

A adição de boro é mais intensificada, se o aço contiver teores de elementos formadores de nitretos (alumínio, titânio e zircônio), pois estes impedem a formação de nitreto de boro, que, embora não seja importante no aumento da temperabilidade, é responsável pela melhoria da ductilidade e tenacidade do aço.

A adição do boro possibilita, pois, a substituição de aços de média e alta liga por aços ao boro. Além disso, o boro aumenta a ductilidade a quente dos aços de alta e baixa liga, e a tenacidade dos aços ao manganês (*Cap. 5*). Verificou-se também que adições de boro entre 0,006% e 0,020% tornam não envelhecíveis os aços de baixo carbono capeados e semi-acalmados destinados a estampagem profunda.

Quando o aço contém boro em adições altas, o limite de escoamento diminui, alargando a fase plástica do material pela combinação do boro com o nitrogênio. Quando se deseja essa condição, não se deve introduzir excesso de elementos formadores de nitreto. Finalmente, o boro melhora a ductilidade por fluência de aços de baixa e alta liga.

ZIRCÔNIO

O zircônio é adicionado aos aços em teores que variam de 0,05% a 0,20% para desoxidação e para se combinar com o nitrogênio e com o enxofre. A formação de nitreto de zircônio reduz o endurecimento por envelhecimento, que é danoso para operações de estampagem profunda de chapas de aço. A formação de sulfeto de zircônio diminui a fragilização a quente dos aços (fragilização ao revenido), pois o zircônio, ao se combinar com o enxofre, forma um sulfeto de forma globular, que não interfere na fragilização.

Teores mais altos que 0,10% Zr também são úteis para refinar o grão do aço enquanto que teores mais baixos só servem para a reação do zircônio com oxigênio, nitrogênio e enxofre. O zircônio endurece a ferrita quando está em solução sólida nela.

CÁLCIO

O cálcio é usado como desoxidante dos aços e, ao desoxidar, ele fica retido na escória, sendo eliminado do material. Desta maneira, o cálcio não é considerado elemento de liga ou elemento residual nos aços. O cálcio é também usado para a eliminação do enxofre do aço e para evitar o superaquecimento no reaquecimento de peças forjadas, devido à dissolução do sulfeto de manganês na austenita em altas temperaturas e à precipitação posterior durante o resfriamento nos contornos de grão da austenita.

NITROGÊNIO

O nitrogênio é elemento geralmente nocivo aos aços por causar fragilidade aos mesmos e é eliminado pela formação de nitretos com outros elementos adicionados com esta finalidade. A formação de nitretos pode causar precipitação deste composto, ocasionando o efeito de envelhecimento; a precipitação se dá de uma maneira dispersa, endurecendo o material.

O nitrogênio livre causa o fenômeno do escoamento em aços doces recozidos durante esforços mecânicos. Os elementos de liga formadores de nitreto (manganês, alumínio, vanádio e nióbio) eliminam a tendência à fragilização por envelhecimento causado pelo nitreto de ferro durante a normalização ou o trabalho a quente. A precipitação de nitreto de alumínio (AlN), durante o recozimento após trabalho mecânico a frio em chapas de aço de baixo carbono, pode melhorar a estampabilidade do aço.

CHUMBO

O chumbo, sendo muito insolúvel no ferro, fica disperso na estrutura dos aços; ele não forma solução sólida nem carboneto. Entretanto, os aços-carbono podem ser produzidos contendo teores de 0,15% a 0,35% Pb para melhorar sua usinabilidade.

TÂNTALO

O tântalo é elemento formador de carboneto mais forte que o tungstênio, molibdênio, cromo e manganês. Por ser um elemento mais caro, o tântalo não é muito usado como elemento de liga. Ele também tem poder de desoxidação a quente nos aços.

h) ALGUNS EFEITOS DO CARBONO

O carbono é o elemento que mais influi nas propriedades dos aços de baixa, média e alta resistência. As maneiras de como o carbono atua são tão variadas que não caberia neste livro um estudo completo. Deste modo, serão dados alguns aspectos gerais dessas influências. Compêndios de Metalurgia Física e Metalografia existem para explicar todos os efeitos do carbono sobre os aços.

Os efeitos do carbono na microestrutura dos aços foram vistos muito resumidamente quando foi analisado o diagrama de equilíbrio Fe-Fe_3C.

Em aços que contêm menos de 0,03% C, a presença pequena de nódulos de perlita tem pouco efeito na tenacidade. À medida que o teor de carbono cresce, a perlita já começa a influir no decréscimo de ductilidade e de tenacidade, principalmente na posição da curva de transição dúctil-frágil. O teor crescente de perlita endurece o aço e aumenta sua resistência mecânica. O aumento da resistência mecânica é causado, por exemplo, porque o carbono abaixa a temperatura de transformação austenita-ferrita, promovendo a redução do tamanho de grão de ferrita, quanto mais se aumenta a velocidade de resfriamento da austenita. Entretanto, como a tenacidade é função do tamanho do grão, conforme o tratamento, mesmo com teores de carbono mais altos, se se tiver refino de grão, a tenacidade permanece invariável ou fica até com um certo aumento. Com teores mais altos de carbono (até 0,8% C), a perlita não influi desfavoravelmente na tenacidade, se seu espaçamento lamelar for aumentado por resfriamento mais rápido, de modo que a transformação se dê em temperaturas mais baixas ou por esferoidização da perlita. Neste último caso, ocorre também o aumento da resistência mecânica. Nos aços eutetóides, os elementos de liga têm pouco efeito no aumento do limite de resistência dos aços-carbono.

O teor do carbono limita o tipo de aço: quando a porcentagem de carbono de aços efervescentes aumenta, a qualidade superficial do aço é prejudicada. Abaixo de 0,30% C em aços acalmados também se obtém pior qualidade superficial, se não se tomarem certos cuidados no lingotamento do aço.

A má soldabilidade dos aços com alto teor de carbono é devido à formação de carbonetos (Fe_3C) e martensita (nos aços temperáveis), ambos constituintes duros e frágeis, que tenderão a formar fissuras durante a operação de soldagem. Até 0,30% C, os aços-carbono são soldáveis por qualquer método de soldagem. Acima de 0,30% C e com alto teor de manganês, os aços-carbono são soldáveis somente por técnicas especiais.

Somente quando o carbono estiver presente em aços de baixa liga, acima de 0,4% C, ocorrerá a presença de austenita retida após a têmpera. Dessa maneira, a reação de decomposição da austenita retida só deve ser levada em consideração em aços de médio e alto carbono.

A dureza máxima obtida num aço temperado, no qual se formam 100% de martensita, é governada pelo teor de carbono e não pelo teor de elementos de liga (Fig. 4). Os elementos de liga só intensificam, diminuem ou neutralizam o efeito do carbono.

O carbono é o elemento que tem maior efeito na temperabilidade, especialmente quando está na presença de elementos de liga, a fim de se atingir máxima dureza. Entretanto, quanto maior for o teor de carbono, mais se aumenta a fragilidade do material. Além disso, com dureza aumentada, aumenta-se também a resistência ao desbaste e, por isso, a usinabilidade e o trabalho mecânico a frio se tornam mais difíceis; também no trabalho mecânico a quente corre-se o risco de ocorrer superaquecimento e, no tratamento térmico, o risco de aparecerem trincas e distorções também é bem provável. Portanto, acima de 0,60% C, é raramente usado nos aços de alta resistência, exceto no caso de molas.

Geralmente, a maneira mais barata de aumentar a temperabilidade, para um aço com uma determinada porcentagem de carbono, é aumentar o teor de manganês (confronte os aços 1040 e 1042 no Cap. 4). No que se refere ao custo, após o manganês, vem o cromo e o molibdênio. O boro é usado para aço completamente desoxidado: seu efeito é menor em aços de alto carbono que em aços de baixo carbono e é também reduzido no caso de se ter temperatura de austenitização muito alta ou de se ter teor muito alto de nitrogênio.

O carbono tem tendência moderada para segregar e, como ele é o elemento principal para a obtenção das propriedades mecânicas do aço, a segregação do carbono é importante, mesmo porque ele é o elemento que mais influencia na temperabilidade do aço.

i) RESUMO DO EFEITO DE ALGUNS ELEMENTOS NA TENACIDADE DOS AÇOS-CARBONO

Carbono — O aumento do teor de carbono até 0,8% em aços-carbono normalizados eleva a temperatura de transição dúctil-frágil, diminuindo a tenacidade.

Manganês — Até 1,5%, abaixa a temperatura de transição dúctil-frágil, aumentando a tenacidade.

Enxofre — Até 0,040%, não tem efeito na tenacidade de aços trabalhados.

Fósforo — Diminui a tenacidade.

Silício — De 0,15% a 0,30%, melhora a tenacidade. Acima de 0,30%, ocorre o inverso.

Cromo — Tem pouco efeito sobre a tenacidade, isto é, sobre a temperatura de transição dúctil-frágil.

Níquel — Aumenta a tenacidade.

Molibdênio — Até 0,40%, eleva a temperatura de transição, diminuindo a tenacidade, porém acima de 0,40% minimiza a suscetibilidade à fragilização de revenido.

Vanádio — Tem efeito análogo ao molibdênio.

Titânio — Tem efeito análogo ao molibdênio.

Boro — Diminui a tenacidade, elevando a temperatura de transição.

Cobre — Quando não causa endurecimento por precipitação, é útil para o aumento da tenacidade.

Alumínio — Como desoxidante ou não, é benéfico para a tenacidade dos aços de médio carbono.

Hidrogênio — É o elemento mais prejudicial à tenacidade. Para combater a fragilização por hidrogênio, usam-se combinações de Cr-V, Cr-Al-Mo, Ti-Cr-Mo ou elementos formadores de carboneto, como tungstênio, molibdênio, vanádio, titânio, nióbio, tântalo, zircônio ou tório.

j) RESUMO DO EFEITO DE ALGUNS ELEMENTOS SOBRE A USINABILIDADE DOS AÇOS-CARBONO

Em geral, os aços-carbono são mais usináveis que os aço-liga de mesmo teor de carbono e mesma dureza. Entretanto, os aços-liga podem ser bem usináveis, pois têm menores tensões residuais, devido às temperaturas mais altas de revenimento empregadas.

Quanto maior for a porcentagem de carbono, menos usinável é o aço e, quando se tem um aço de alto teor em carbono, são exigidos tratamentos térmicos bem controlados para se obter boa usinabilidade.

O enxofre melhora a usinabilidade devido à formação, como já foi visto, de sulfeto de manganês em glóbulos ou alongados pelo trabalho mecânico.

O fósforo também é adicionado como o enxofre nos aços refosforados pois ele se dissolve na ferrita, endurecendo-a. Com isso, ele torna mais fácil as operações de corte. O teor de fósforo máximo usado é de 0,12% para não fragilizar em demasia o aço.

O chumbo também aumenta a usinabilidade e é adicionado em aços estruturais para essa finalidade.

Molibdênio, cromo e vanádio diminuem a usinabilidade; o níquel, embora diminua também a usinabilidade, não tem efeito muito intenso.

4 CLASSIFICAÇÃO DOS AÇOS-CARBONO E AÇOS DE BAIXA LIGA

a) CONSIDERAÇÕES INICIAIS

A classificação dos vários aços-carbono e aços-liga quanto a sua composição química foi estabelecida pela Society of Automotive Engineers (SAE) para padronizar e limitar o grande número de composições dos aços produzidos. A Tab. 1 mostra a classificação dos aços SAE, que foi também acompanhada pelo American Iron and Steel Institute (AISI). Os números designativos de cada composição química são praticamente os mesmos, tanto para a classificação SAE como para a AISI. Na classificação AISI, as únicas alterações são a introdução de letras de A a E antes dos quatro (ou cinco) dígitos para designar o tipo de forno onde o aço foi fabricado: A — Siemens-Martin básico (aço-liga); B — Bessemer ácido (aço-carbono); C — Siemens-Martin básico (aço-carbono); D — Siemens-Martin ácido (aço-carbono); e E — forno elétrico.

A escolha da composição química de um aço depende principalmente dos seguintes fatores:

1) Resistência mecânica necessária durante sua utilização.
2) Resistência ao meio ambiente necessária durante sua utilização.
3) Tamanho da peça.
4) Método de fabricação da peça.
5) Tratamento térmico a que a peça vai ser submetida.
6) Tratamento superficial a que a peça vai ser submetida.

Tabela 1 — Classificação dos aços-carbono e aços-liga

Tipo	SAE
Aços-carbono	1XXX
Simples (Mn, 1,00% máximo)	10XX
Ressulfurado	11XX
Ressulfurado e Refosforado	12XX
Com adição de Nb	14XX
Simples (Mn, maior que 1,00%)	15XX
Aços-manganês	13XX
Aços-níquel	2XXX
Aços-níquel-cromo	3XXX
Aços com molibdênio	4XXX
Aços-cromo	5XXX
Aços-cromo-vanádio	6XXX
Aços-tungstênio-cromo	7XXX
Aços-níquel-cromo-molibdênio	8XXX
Aços-silício-manganês	92XX
Aços-níquel-cromo-molibdênio	93XX, 94XX, 97XX, 98XX
Aços com boro	XXBXX
Aços com chumbo	XXLXX

Neste capítulo, serão discutidas as composições químicas mais utilizadas de inúmeros aços, comentando-se a influência da adição de cada elemento e justificando seus efeitos causados pela adição desses elementos para se obter os requisitos acima.

Em geral, as peças fabricadas em aço necessitam de tratamentos térmicos para atingirem determinada resistência. Deste modo, os itens 1 e 5 acima estão bastante correlacionados. Variando o tratamento térmico, obtêm-se diferentes microestruturas no material. Como já foi visto, quando se visa obter resistência química, a peça também precisa, na maioria das vezes, ter resistência mecânica, de modo que o item 2 também fica correlacionado com os itens 1 e 5. Quando o aço não contém elementos de liga que forneçam boa resistência química, utiliza-se o tratamento superficial mencionado no item 6 (pintura, revestimento metálico, como cromeação, niquelação, galvanização etc.) para protegê-lo do ambiente exterior. Os itens 3 e 4 estão também bastante correlacionados, pois o tamanho da peça muitas vezes determina seu processo de fabricação (fundição, trabalho mecânico e soldagem) e, além disso, o fator 4 tem influência marcante no fator 1.

b) AÇOS-CARBONO

Os aços-carbono simples contêm geralmente apenas cinco elementos químicos, além do ferro. Eles são classificados e denominados em todo o mundo pelo seu teor de carbono. Pela Tab. 2 da SAE-AISI e ABNT, verifica-se que são usados quatro dígitos para denominar os aços-carbono: os dois primeiros dígitos são 1 e 0, 1 e 4 ou 1 e 5, e os dois últimos correspondem aos centésimos de porcentagem de carbono em média. Desta maneira, os números variam de 1005 (com 0,05% de carbono médio) a 1095 (0,95% C médio). Quando a porcentagem de carbono excede 1,00%, são usados três dígitos finais. Os teores de fósforo e enxofre são fixados em seus máximos; o teor de silício não é especificado, porém, em geral, está presente em até 0,80% máximo; e o teor de manganês é variável, porém num intervalo entre 0,25% e 1,65%.

1.º) Processos de fabricação — Os aços-carbono de baixo carbono (aços doce e extradoce) são na maioria usados para chapas finas, fabricadas por laminação. Em segundo lugar, vêm o forjamento, a extrusão, a trefilação e outros processos mecânicos para a fabricação de barras, arames, chapas grossas, perfis, trilhos etc. Por último, esses aços são fabricados por fundição, quando as peças têm formas mais complicadas. Esses aços de baixo carbono podem ser utilizados com ou sem tratamento térmico.

2.º) Efeito dos elementos — O teor de manganês está num intervalo que permite a formação de MnS que substitui o FeS, o qual, como já foi dito, é prejudicial à ductilidade do material, principalmente para o trabalho mecânico do aço. O MnS não causa fragilidade. Se o manganês estiver numa porcentagem mais alta, porém dentro do intervalo permitido, o restante do manganês (que não se combina com o enxofre) serve para aumentar a resistência mecânica por solução sólida na ferrita.

Tabela 2 — Composição química dos aços-carbono (em %)

SAE-AISI	C	Mn	SAE-AISI	C	Mn
1005	0,06 máx	0,35 máx	1053	0,48-0,55	0,70-1,00
1006	0,08 máx	0,45 máx	1055	0,50-0,60	0,60-0,90
1008	0,10 máx	0,30-0,50	1059	0,55-0,65	0,50-0,80
1009	0,15 máx	0,60 máx	1060	0,55-0,65	0,60-0,90
1010	0,08-0,13	0,30-0,60	1062	0,54-0,65	0,85-1,15
1011	0,08-0,13	0,60-0,90	1064	0,60-0,70	0,50-0,80
1012	0,10-0,15	0,30-0,60	1065	0,60-0,70	0,60-0,90
1013	0,11-0,16	0,50-0,80	1069	0,65-0,75	0,40-0,70
1015	0,13-0,18	0,30-0,60	1070	0,65-0,75	0,60-0,90
1016	0,13-0,18	0,60-0,90	1074	0,70-0,80	0,50-0,80
1017	0,15-0,20	0,30-0,60	1075	0,70-0,80	0,40-0,70
1018	0,15-0,20	0,60-0,90	1078	0,72-0,85	0,30-0,60
1019	0,15-0,20	0,70-1,00	1080	0,75-0,88	0,60-0,90
1020	0,18-0,23	0,30-0,60	1084	0,80-0,93	0,60-0,90
1021	0,18-0,23	0,60-0,90	1085	0,80-0,93	0,70-1,00
1022	0,18-0,23	0,70-1,00	1086	0,80-0,93	0,30-0,50
1023	0,20-0,25	0,30-0,60	1090	0,85-0,98	0,60-0,90
1025	0,22-0,28	0,30-0,60	1095	0,90-1,03	0,30-0,50
1026	0,22-0,28	0,60-0,90	1450(ABNT)	0,45-0,52	0,70-1,00
1029	0,25-0,31	0,60-0,90	1513	0,10-0,16	1,10-1,40
1030	0,28-0,34	0,60-0,90	1518	0,15-0,21	1,10-1,40
1033	0,30-0,36	0,70-1,00	1522	0,18-0,24	1,10-1,40
1034	0,32-0,38	0,50-0,80	1524	0,19-0,35	1,35-1,65
1035	0,32-0,38	0,60-0,90	1525	0,23-0,29	0,80-1,10
1037	0,32-0,38	0,70-1,00	1526	0,22-0,29	1,10-1,40
1038	0,35-0,42	0,60-0,90	1527	0,22-0,29	1,20-1,50
1039	0,37-0,44	0,70-1,00	1536	0,30-0,37	1,20-1,50
1040	0,37-0,44	0,60-0,90	1541	0,36-0,44	1,35-1,65
1042	0,40-0,47	0,60-0,90	1547	0,43-0,51	1,35-1,65
1043	0,40-0,47	0,70-1,00	1548	0,44-0,52	1,10-1,40
1044	0,43-0,50	0,30-0,60	1551	0,45-0,56	0,85-1,15
1045	0,43-0,50	0,60-0,90	1552	0,47-0,55	1,20-1,50
1046	0,43-0,50	0,70-1,00	1561	0,55-0,65	0,75-1,05
1049	0,46-0,53	0,60-0,90	1566	0,60-0,71	0,85-1,15
1050	0,48-0,55	0,60-0,90	1572	0,65-0,76	1,00-1,30

Obs.: (1) P máx = 0,040% para todos os aços.
(2) S máx = 0,050% para todos os aços, exceto 1450.
(3) Aços 1450: S - 0,040%-0,070% Nb - 0,05%-0,10%
(4) S_i - variável até 0,60% máx (consultar SAE-AISI e ABNT)
(5) Pb - 0,15%-0,35%, quando se desejar melhorar a usinabilidade. Daí, a designação do aço se torna XXLXX.
(6) B -0,0005%-0,003%, quando se desejar melhorar a temperabilidade. Daí, a designação do aço se torna XXBXX.

O silício, sempre presente, favorece o aumento da resistência também por solução sólida na ferrita. Assim, podem-se obter variadas resistências mecânicas; em primeiro lugar, variando o teor de carbono e, de uma maneira menos intensa, variando o teor de manganês e de silício.

Os aços-carbono de baixo teor de carbono usados para a fabricação de tubulações podem conter, além dos elementos sempre presentes, cerca de 0,25% Cu para dar maior resistência à oxidação.

Nos aços de teor de carbono mais elevado, já se tem maior quantidade de perlita, que tem um papel importante nas propriedades mecânicas do aço. Neste caso, além do carbono, o teor de manganês que não se combinou com o enxofre contribui para o aumento da resistência, por causa de seu efeito de refinar o grão da perlita. O que mais influi no espaçamento interlamelar da perlita é o tratamento de normalização com resfriamento ao ar. Dessa maneira, o tratamento térmico é o fator mais importante no aumento da resistência por normalização ou na diminuição da resistência por recozimento. O recozimento faz obter-se uma perlita mais grossa. Em segundo lugar, vem o processamento mecânico para os produtos trabalhados, como, por exemplo, a laminação controlada a quente, que controla o grão da perlita e da ferrita do produto final. Nesses aços trabalhados, podem-se adicionar alumínio, nióbio ou titânio para inibir o crescimento da austenita, contribuindo para uma microestrutura final ainda mais fina e, portanto, mais resistente.

Em todos os aços-carbono, que vão sofrer usinagem, é necessário ter-se um pouco mais de enxofre na forma de MnS, embora com prejuízo da tenacidade; neste caso, são usados os aços com maior teor de enxofre (aços ressulfurados). Para aumentar ainda mais a usinabilidade, podem ser usados também chumbo, selenieto de manganês (MnSe) e telurieto de manganês (MnTe). Todas essas substâncias formam inclusões moles e facilmente deformáveis nos aços-carbono e, de preferência, na forma de inclusões pequenas e bem distribuídas. Para o MnS ser mais efetivo, ele deve estar presente principalmente como glóbulos, o que é conseguido, quando se tem alto teor de oxigênio no aço, devido à formação de oxissulfeto de manganês. Além disso, o MnS melhora as propriedades de fadiga do aço. O silício deve ser baixo, pois causa inclusões que diminuem a qualidade de corte pela formação de SiO_2 (sílica).

Os aços-carbono com teores de 0,80% a 1,00% C podem tornar-se muito resistentes, quando trefilados para a fabricação de arames. Neste produto, o aço é submetido ao tratamento de patenteamento, no qual o aço austenitizado é resfriado rapidamente até uma temperatura abaixo do campo austenítico para formar perlita fina e, às vezes, bainita superior.

Aços-carbono meio duros e duros sofrem geralmente laminação a quente para a fabricação de chapas e barras, e o aumento do teor de carbono é o que mais iflui no aumento da resistência mecânica, porém com perda de tenacidade. São mais difíceis de ser soldados devido à fragilização que acontece no resfriamento ao ar após a operação de soldagem. Também no resfriamento após a laminação a quente deve-se ter maior controle para evitar a fragilização. Para tornar o aço mais soldável, deve-se usar um aço estrutural com menor teor de carbono (0,15%, aproximadamente) com teor de fósforo mais alto (aço refosforado), embora a soma dos teores de C + P deva ser menor que 0,25% para eliminar a perda de ductilidade.

Aços de alto carbono são também usados para a fabricação de trilhos por laminação a quente, onde o teor de carbono é cerca de 0,82%. O manganês pode estar presente em teor um pouco mais alto que o normal para os aços-carbono: até 1%, a fim de melhorar a resistência ao desgaste, além de suas funções normais. Caso o manganês esteja em teores até 1,7%, pode-se diminuir o teor de carbono para até 0,55%, pois, caso contrário, com alto carbono, o produto ficaria muito frágil (*ver "Aços-manganês"*).

Os aços-carbono trabalhados a frio devem ter carbono baixo para se minimizar o esforço mecânico durante o trabalho a frio, e o silício, que fica solubilizado na ferrita, deve ser mínimo para não provocar perda de ductilidade. Pode-se, entretanto, ficar com manganês na faixa superior do intervalo normal para aumentar a temperabilidade. Se o manganês for baixo, pode-se acrescentar boro com a mesma finalidade.

Os aços-carbono fundidos geralmente contêm menos de 1,70% C e os teores típicos dos demais elementos são: de 0,50% a 1,00% Mn; de 0,20% a 0,70% Si; 0,05% P máximo; e 0,06% S máximo. Esses teores máximos de fósforo e enxofre são fixados para evitar os prejuízos causados por esses elementos em aplicações normais desses produtos.

Para se obter aços-carbono mais resistentes, faz-se, então, um balanceamento dos teores de carbono, manganês e silício. O emprego de aços de alto carbono para estruturas de grande porte não pode suportar soldagens, sendo usados rebites para que essas estruturas possam ser juntadas.

c) AÇOS DE CORTE FÁCIL

Os aços-carbono ressulfurados são os aços de corte fácil e contêm também os mesmos elementos químicos do ferro. Os dois primeiros dígitos são 1 e 1, e os dois últimos correspondem também aos centésimos de porcentagem de carbono. Nesses aços, os teores de enxofre e manganês são mais altos. Nos aços ressulfurados e refosforados, também de corte fácil, o teor de fósforo também é aumentado e os dois primeiros dígitos são 1 e 2. A composição química desses aços está na Tab. 3.

Estes aços possuem melhor usinabilidade e essa melhoria advém da capacidade de formação e quebra de cavacos resultantes da operação de usinagem. Se for usado um aço de baixo carbono, o cavaco formado é muito mole e pastoso, provocando uma superfície áspera com muito aquecimento e desgaste da ferramenta de usinagem. Para melhorar a usinabilidade, aumenta-se, então, o teor de enxofre. A presença de sulfetos provoca a quebra dos cavacos mais frágeis e menores.

O teor de manganês e fósforo mais alto desses aços também é útil para endurecer e aumentar a resistência do aço, também nos aços refosforados. A adição de selênio e telúrio também forma sulfetos como o manganês e o ferro, auxiliando na usinagem, sendo que o selênio, embora não contribua muito para a melhoria da usinabilidade, confere melhores propriedades de deformação a frio e resistência à corrosão. O telúrio, por sua vez, não pode ser usado quando o aço contiver cromo (como, por exemplo, nos aços inoxidáveis) para o trabalho a quente, porque ele forma um composto intermetálico CrTe de baixo ponto de fusão, prejudicando o trabalho a quente.

Os sulfetos formados de todos esses elementos (mesmo o sulfeto de ferro) agem também como lubrificantes. Note-se que o alumínio prejudica a usinabilidade desses aços e o silício prejudica sua qualidade superficial.

Tabela 3 — Composição química dos aços de corte fácil (em %)

SAE-AISI	C	Mn	P	S
1108	0,08-0,13	0,50-0,80	0,040 máx	0,08-0,13
1109	0,08-0,13	0,60-0,90	0,040 máx	0,08-0,13
1110	0,08-0,13	0,30-0,60	0,040 máx	0,08-0,13
1111	0,13 máx	0,60-0,90	0,07-0,12	0,10-0,15
1112	0,13 máx	0,70-1,00	0,07-0,12	0,16-0,23
1113	0,13 máx	0,70-1,00	0,07-0,12	0,24-0,33
1114	0,10-0,16	1,00-1,30	0,040 máx	0,08-0,13
1115	0,13-0,18	0,60-0,90	0,040 máx	0,08-0,13
1116	0,14-0,20	1,10-1,40	0,040 máx	0,16-0,23
1117	0,14-0,20	1,00-1,30	0,040 máx	0,08-0,13
1118	0,14-0,20	1,30-1,60	0,040 máx	0,08-0,13
1119	0,14-0,20	1,00-1,30	0,040 máx	0,24-0,33
1120	0,18-0,23	0,70-1,00	0,040 máx	0,08-0,13
1126	0,23-0,29	0,70-1,00	0,040 máx	0,08-0,13
1132	0,27-0,34	1,35-1,65	0,040 máx	0,08-0,13
1137	0,32-0,39	1,35-1,65	0,040 máx	0,08-0,13
1138	0,34-0,40	0,70-1,00	0,040 máx	0,08-0,13
1139	0,35-0,43	1,35-1,65	0,040 máx	0,13-0,20
1140	0,37-0,44	0,70-1,00	0,040 máx	0,08-0,13
1141	0,37-0,45	1,35-1,65	0,040 máx	0,08-0,13
1144	0,40-0,48	1,35-1,65	0,040 máx	0,24-0,33
1145	0,42-0,49	0,70-1,00	0,040 máx	0,04-0,07
1146	0,42-0,49	0,70-1,00	0,040 máx	0,08-0,13
1151	0,48-0,55	0,70-1,00	0,040 máx	0,08-0,13
1211	0,13 máx	0,60-0,90	0,07-0,12	0,10-0,15
1212	0,13 máx	0,70-1,00	0,07-0,12	0,16-0,23
1213	0,13 máx	0,70-1,00	0,07-0,12	0,24-0,33
1215	0,09 máx	0,75-1,05	0,04-0,09	0,26-0,35
12L14	0,15 máx	0,85-1,15	0,04-0,09	0,26-0,35

Obs: Aço 12L14 - Pb: 0,15%-0,35%.

Em aços de baixas relações Mn:S contendo cromo, forma-se o sulfeto de cromo, que é muito duro e frágil, prejudicando a usinabilidade por desgastar muito a ferramenta, além de deslocar o cromo de suas finalidades. Assim, quando a usinagem for de importância primordial, deve-se manter uma relação Mn:S alta, mesmo nos aços inoxidáveis, que, nestes casos, pode ter um teor de enxofre de até 0,40% e um teor de manganês de até 4,50% (*ver Aços inoxidáveis*).

Outro tipo de aço de corte fácil é o aço contendo chumbo em até 0,25%, onde o chumbo sempre fica disperso como pequenos glóbulos. Esses glóbulos heterogeinizam suficientemente a estrutura, a fim de produzir um cavaco mais frágil. O chumbo disperso não prejudica a ductilidade e a tenacidade do aço de modo significativo.

d) AÇOS COM BAIXO TEOR DE ELEMENTOS DE LIGA

As Tabs. 4 a 11 mostram os principais aços com baixo teor de elementos de liga, conforme SAE-AISI. Verifica-se que, além do carbono, manganês, silício, fósforo máximo e enxofre máximo, esses aços contêm teores de níquel, cromo, molibdênio, tungstênio e vanádio. Aqui, os dois últimos dígitos também correspondem ao teor de carbono em centésimos por cento e os dois primeiros dígitos correspondem à presença de um, dois ou três elementos de liga no aço, conforme seu teor menor ou maior. É interessante notar que, nos aços com os dois primeiros dígitos 1 e 3, o elemento de liga único é o manganês, que está sempre presente nos aços, porém, neste caso, em teores mais altos que nos aços-carbono.

O uso dos elementos de liga serve, por exemplo, para a obtenção de alta resistência em peças estruturais muito grandes, que não podem ser tratadas termicamente por têmpera e revenimento, ou onde haja problemas de soldagem, como, por exemplo, fragilização por têmpera durante o resfriamento. Anteriormente, foi mencionado que a montagem de grandes estruturas em aços-carbono deve ser feita por rebitagem, especialmente quando o teor de carbono for alto. Portanto, um aço para ser soldável deve ter menor porcentagem de carbono e, para ter alta resistência mecânica, adiciona-se elemento de liga.

Tendo-se em vista o parágrafo anterior, pode-se ter aços-liga normalizados de alta resistência com teores de carbono baixos (de 0,07% a 0,17%). Nesses casos, a escolha dos elementos de liga deve ser tal que, após o trabalho mecânico (geralmente laminação controlada a quente), consiga-se obter uma perlita suficientemente fina durante o resfriamento ao ar. Os elementos de liga, então, devem agir no sentido de atrasar a transformação da austenita para que isso aconteça. Entretanto, esse atraso não deve ser muito grande para não haver perigo de se ter austenita retida, que depois poderá transformar-se em martensita ou bainita (estruturas muito misturadas não conduzem às melhores propriedades de resistência). Além disso, deve-se ter uma ferrita livre de carbono para que ela solubilize os elementos de liga mais solúveis. Os elementos de liga formadores de carboneto e a perlita fina obtida pelos elementos refinadores de grão se encarregam de deixar a ferrita livre de carbono e endurecida pela dissolução dos outros elementos de liga. Esse balanceamento, que se pode fazer com os elementos de liga, produz aços de resistência mecânica bastante variada para empregos diversos. As porcentagens dos elementos de liga nas tabelas seguintes são suficientes para se ter resistências bem altas para atender a diversas finalidades. A adição de nióbio é recente e favorece muito o alcance de maior resistência mecânica.

Quando a peça pode ser tratada termicamente, escolhe-se uma composição com elementos de liga que conduzam à obtenção de melhores propriedades mecânicas com as mais variadas microestruturas. Podem-se conseguir altas resistências com estruturas ferríticas aciculares ou bainíticas, ou ambas, obtidas por meio de resfriamento ao ar de aço com teores mais elevados de manganês e molibdênio, que retardam a transformação dos aços de baixo carbono, como, por exemplo, os aços cujos primeiros dígitos são 4 e 0 (4053, 4063 e 4068). Outra maneira é a utilização do nióbio, que reduz o tamanho de grão da austenita e forma precipitados de carbonitreto de nióbio, o que faz aumentar bastante a resistência e a tenacidade dos aços-liga.

Os aços contendo cromo e molibdênio com adições de boro podem ter estrutura bainítica, que, possuindo grãos mais finos, são ainda mais resistentes e tenazes que os aços com estrutura ferrítica. Os aços de baixo carbono soldáveis com níquel, molibdênio e vanádio em teores bem baixos também conseguem uma estrutura bainita-perlita, tornando-os de grande utilidade como aço estrutural. Nesses aços, se o teor de níquel for mais alto (até 9%), há o perigo de ocorrer fragilidade ao revenido, porém o manganês aumentado também até 0,4% faz essa fragilização diminuir, tornando a liga também estrutural e com boa resistência mecânica a frio.

Reportando-se às Tabs. 4 a 11, verifica-se que o primeiro dígito da denominação da liga significa o tipo de liga e o segundo dígito designa a série dentro do grupo. A seguir, será examinado cada grupo de aços.

Aços-manganês (13XX) (Tab. 4) — O uso do manganês em teor mais alto (de 1,6% a 1,9%) faz aumentar a resistência do aço na condição laminada e contribuir para melhorar a resistência e a ductibilidade na condição após tratamento térmico. Esses aços podem sofrer fragilidade ao revenido. O silício dá maior resistência ao descascamento, porém promove maior descarbonetação superficial. Aplicação dos aços-manganês: peças forjadas e laminadas em geral.

Em particular, as propriedades mecânicas do aço 1340 temperado e revenido são bastante prejudicadas, quando se obtém uma microestrutura mista, ou seja, martensita mais fase não-martensítica, principalmente quando a fase não-martensítica se apresenta em maior quantidade.

Aços-níquel (2XXX) (Tab. 5) — O níquel, em teores mais elevados nesses aços, aumenta a resistência à tração sem apreciável decréscimo do alongamento e da estricção. Assemelha-se ao manganês no que diz respeito às propriedades mecânicas. O níquel faz com que se possa usar um meio de resfriamento de têmpera mais brando para se obter a mesma dureza que se obteria com aços-carbono, além de melhorar muito a tenacidade, mesmo em temperaturas subzero. É o caso de aços com teores mais altos de níquel (aços 2512, 2515 e 2517), podendo chegar a até 9% Ni aproximadamente.

No parágrafo sobre o aço-manganês 1340 foi mencionado o problema apresentado quando se obtém uma estrutura mista no tratamento de têmpera e revenimento. Um aço de mais alta liga, entretanto, como o aço 2340, não é tão afetado pela microestrutura mista uma vez que esse aço tem enriquecimento de carbono na austenita bem menor. O fator de controle principal, que governa o prejuízo causado pela microestrutura mista, é uma martensita de carbono mais alto que se forma pelo enriquecimento de carbono na austenita.

Tabela 4 — Composição química dos aços-manganês (em %)

SAE-AISI	C	Mn	P máx.	S máx.	Si
1320	0,18-0,23	1,60-1,90	0,040	0,040	0,23-0,35
1330	0,28-0,33	1,60-1,90	0,035	0,040	0,15-0,35
1335	0,33-0,38	1,60-1,90	0,035	0,040	0,15-0,35
1340	0,38-0,43	1,60-1,90	0,035	0,040	0,15-0,35
1345	0,43-0,48	1,60-1,90	0,035	0,040	0,15-0,35

Tabela 5 — Composição química dos aços-níquel (em %)

SAE-AISI	C	Mn	P máx.	S máx.	Si	Ni
2317	0,15-0,20	0,40-0,60	0,040	0,040	0,20-0,35	3,25-3,75
2330	0,28-0,33	0,60-0,80	0,040	0,040	0,20-0,35	3,25-3,75
2340	0,38-0,33	0,70-0,90	0,040	0,040	0,20-0,35	3,25-3,75
2345	0,43-0,48	0,70-0,90	0,040	0,040	0,20-0,35	3,25-3,75
2512	0,09-0,14	0,45-0,60	0,025	0,025	0,20-0,35	4,75-5,25
2515	0,12-0,17	0,40-0,60	0,040	0,040	0,20-0,35	4,75-5,25
2517	0,15-0,20	0,45-0,60	0,025	0,025	0,20-0,35	4,75-5,25

Aços-cromo (5XXX) (Tab. 6) — O cromo aumenta a temperabilidade, a resistência mecânica e a resistência à corrosão. Esses aços têm a desvantagem de sofrer fragilidade ao revenido e deve-se, pois, tomar precauções no resfriamento, ou seja, resfriar o aço rapidamente após o revenimento quando passar pela região de temperaturas ao redor de 540°C.

Os aços com carbono bem baixo são bons para cementação e ficam com uma superfície muito dura e resistente à abrasão, porém sem grande tenacidade.

Os aços com carbono mais alto são utilizados para molas, engrenagens, parafusos e porcas etc.

O que foi mencionado anteriormente para o aço 1340 sobre o efeito de uma estrutura mista nas propriedades mecânicas vale também em particular para os aços de médio carbono (51XX).

Tabela 6 — Composição química dos aços-cromo (em %)

SAE-AISI	C	Mn	P máx	S máx	Si	Cr
5015	0,12-0,17	0,30-0,50	0,035	0,040	0,15-0,30	0,30-0,50
50B40	0,38-0,43	0,75-1,00	0,035	0,040	0,15-0,35	0,40-0,60
50B44	0,43-0,48	0,75-1,00	0,035	0,040	0,15-0,35	0,40-0,60
5045	0,43-0,48	0,70-0,90	0,040	0,040	0,20-0,35	0,55-0,75
5046	0,43-0,48	0,75-1,00	0,035	0,040	0,15-0,35	0,20-0,35
50B46	0,44-0,49	0,75-1,00	0,035	0,040	0,15-0,35	0,20-0,35
50B50	0,48-0,53	0,75-1,00	0,035	0,040	0,15-0,35	0,40-0,60
5060	0,56-0,64	0,75-1,00	0,035	0,040	0,15-0,35	0,40-0,60
50B60	0,56-0,64	0,75-1,00	0,035	0,040	0,15-0,35	0,40-0,60
5115	0,13-0,18	0,70-0,90	0,035	0,040	0,15-0,35	0,70-0,90
5117	0,15-0,20	0,70-0,90	0,040	0,040	0,15-0,35	0,70-0,90
5120	0,17-0,22	0,70-0,90	0,035	0,040	0,15-0,35	0,70-0,90
5130	0,28-0,33	0,70-0,90	0,035	0,040	0,15-0,35	0,80-1,10
5132	0,30-0,35	0,60-0,80	0,035	0,040	0,15-0,35	0,75-1,00
5135	0,33-0,38	0,60-0,80	0,035	0,040	0,15-0,35	0,80-1,05
5140	0,38-0,43	0,70-0,90	0,035	0,040	0,15-0,35	0,70-0,90
5145	0,43-0,48	0,70-0,90	0,035	0,040	0,15-0,30	0,70-0,90
5145H	0,42-0,49	0,60-1,00	0,035	0,040	0,15-0,30	0,60-1,00
5147	0,46-0,51	0,70-0,95	0,035	0,040	0,15-0,35	0,85-1,15
5150	0,48-0,53	0,70-0,90	0,035	0,040	0,15-0,35	0,70-0,90
5152	0,48-0,55	0,70-0,90	0,040	0,040	0,20-0,35	0,90-1,20
5155	0,51-0,59	0,70-0,90	0,035	0,040	0,15-0,35	0,70-0,90
5160	0,56-0,64	0,75-1,00	0,035	0,040	0,15-0,35	0,70-0,90
51B60	0,56-0,64	0,75-1,00	0,035	0,040	0,15-0,35	0,70-0,90
50100	0,98-1,10	0,25-0,45	0,025	0,025	0,15-0,35	0,40-0,60
51100	0,98-1,10	0,25-0,45	0,025	0,025	0,15-0,35	0,90-1,15
52100	0,98-1,10	0,25-0,45	0,025	0,025	0,15-0,35	1,30-1,60

Obs.: Teor de Boro de 0,0005% a 0,003% (nas ligas XXBXX)

O silício pode ser adicionado aos aços-cromo para melhorar mais a resistência à oxidação em alta temperatura. O titânio é estabilizador do carbono na forma de carboneto de titânio e, com isso, evita o endurecimento durante o resfriamento do ar.

Aços níquel-cromo (3XXX) (Tab. 7) — A combinação níquel-cromo produz maior ductilidade e tenacidade devido ao níquel, mais aumento da resistência mecânica, dureza superficial e profundidade de endurecimento, ou seja, maior temperabilidade devido ao cromo. Ainda existe o problema da fragilidade ao revenido. Uma relação conveniente de Ni/Cr = 2,5/1 serve para facilitar o tratamento térmico, alargando os limites de temperaturas permitidos para a austenitização.

O silício é adicionado com as mesmas finalidades que nos aços-cromo, ou seja, dar melhor resistência à oxidação em altas temperaturas.

Tabela 7 — Composição química dos aços níquel-cromo (em %)

SAE-AISI	C	Mn	P máx	S máx	Si	Cr	Ni
3115	0,13-0,18	0,40-0,60	0,040	0,040	0,20-0,35	0,55-0,75	1,10-1,40
3120	0,17-0,22	0,60-0,80	0,040	0,040	0,20-0,35	0,55-0,75	1,10-1,40
3130	0,28-0,33	0,60-0,80	0,040	0,040	0,20-0,35	0,55-0,75	1,10-1,40
3135	0,33-0,38	0,60-0,80	0,040	0,040	0,20-0,35	0,55-0,75	1,10-1,40
X3140	0,38-0,43	0,70-0,90	0,040	0,040	0,20-0,35	0,70-0,90	1,10-1,40
3140	0,38-0,43	0,70-0,90	0,040	0,040	0,20-0,35	0,55-0,75	1,10-1,40
3145	0,43-0,48	0,70-0,90	0,040	0,040	0,20-0,35	0,70-0,90	1,10-1,40
3150	0,48-0,53	0,70-0,90	0,040	0,040	0,20-0,35	0,70-0,90	1,10-1,40
3215	0,10-0,20	0,30-0,60	0,040	0,050	0,15-0,30	0,90-1,25	1,50-2,00
3220	0,15-0,25	0,30-0,60	0,040	0,050	0,15-0,30	0,90-1,25	1,50-2,00
3230	0,25-0,35	0,30-0,60	0,040	0,050	0,15-0,30	0,90-1,25	1,50-2,00
3240	0,35-0,45	0,30-0,60	0,040	0,040	0,15-0,30	0,90-1,25	1,50-2,00
3245	0,40-0,50	0,30-0,60	0,040	0,040	0,15-0,30	0,90-1,25	1,50-2,00
3250	0,45-0,55	0,30-0,60	0,040	0,040	0,15-0,30	0,90-1,25	1,50-2,00
3310	0,08-0,13	0,45-0,60	0,040	0,025	0,20-0,35	1,40-1,75	3,25-3,75
3312	0,08-0,13	0,45-0,60	0,040	0,025	0,20-0,35	1,40-1,75	3,25-3,75
3316	0,14-0,19	0,45-0,60	0,040	0,025	0,20-0,35	1,40-1,75	3,25-3,75
3325	0,20-0,30	0,30-0,60	0,040	0,050	0,15-0,30	1,25-1,75	3,25-3,75
3335	0,30-0,40	0,30-0,60	0,040	0,050	0,15-0,30	1,25-1,75	3,25-3,75
3340	0,35-0,45	0,30-0,60	0,040	0,050	0,15-0,30	1,25-1,75	3,25-3,75
3415	0,10-0,20	0,30-0,60	0,040	0,050	0,15-0,30	0,60-0,95	2,75-3,25
3435	0,30-0,40	0,30-0,60	0,040	0,050	0,15-0,30	0,60-0,95	2,75-3,25
3450	0,45-0,55	0,30-0,60	0,040	0,050	0,15-0,30	0,60-0,95	2,75-3,25

As aplicações desses aço são eixos, engrenagens de transmissão, barras conectoras, pinos para altos esforços mecânicos, peças cementadas etc.

Aços com molibdênio (4XXX) (8XXX) (9XXX) (Tab. 8) — O molibdênio intensifica as propriedades melhoradas pelos outros elementos (manganês, cromo e níquel). O molibdênio aumenta a temperatura de revenimento; aumenta a ductilidade e a tenacidade; dá maior temperabilidade, especialmente quando o cromo está presente; dá maior usinabilidade com maior dureza; e elimina a fragilidade ao revenido. O carboneto de molibdênio exige mais tempo para se dissolver na austenita e, como ele é bem estável, contribui para aumentar a resistência à fluência em altas temperaturas.

Os aços com molibdênio sem adição de níquel e cromo, ou seja, os aços 40XX, 44XX e 45XX, são relativamente baratos e possuem melhores propriedades mecânicas que os aços-carbono. Os aços 40XX podem ser cementados e são usados para eixos, engrenagens de transmissão, pinhões, nos quais a solicitação não seja muito intensa. Com os aços de carbono mais alto, são aplicados em mola de automóvel, uma vez que este tipo de aço tem granulação fina e endurecimento por têmpera bem superficial.

Os aços que contêm cromo (série 41XX) são também baratos e já possuem maior temperabilidade, conseguindo-se maior profundidade de têmpera. Possuem também boa soldabilidade e ductilidade, sendo usados para vasos de pressão, peças estruturais para aeronáutica, eixos e outros produtos semelhantes, nos quais a solicitação seja mais severa que nos aços anteriores. Quanto maior for o teor de carbono, mais resistente se torna o produto.

Os aços que contêm níquel, sem cromo (46XX e 48XX), possuem alta resistência e ductilidade, além de alta temperabilidade, boa usinabilidade e alta resistência à fadiga e à abrasão. Eles são usados principalmente onde se requer alta resistência mecânica associada com alta resistência à fadiga: engrenagens de transmissão, mancais, pinos de correntes, eixos rotativos etc.

As séries 43XX e 47XX, que contêm cromo, níquel e molibdênio, constituem-se em materiais de grande aplicação, pois eles se comportam de uma maneira excelente ao tratamento tér-

Tabela 8 — Composição química dos aços com molibdênio (em %)

SAE-AISI	C	Mn	P máx.	S máx.	Si	Ni	Cr	Mo
4012	0,09-0,14	0,75-1,00	0,035	0,040	0,15-0,30	—	—	0,15-0,25
4023	0,20-0,23	0,70-0,90	0,035	0,040	0,15-0,35	—	—	0,20-0,30
4024	0,20-0,25	0,70-0,90	0,035	0,35-0,050	0,15-0,35	—	—	0,20-0,30
4027	0,25-0,30	0,70-0,90	0,035	0,040	0,15-0,35	—	—	0,20-0,30
4028	0,25-0,30	0,70-0,90	0,035	0,35-0,050	0,15-0,35	—	—	0,20-0,30
4032	0,30-0,35	0,70-0,90	0,035	0,040	0,15-0,35	—	—	0,20-0,30
4037	0,35-0,40	0,70-0,90	0,035	0,040	0,15-0,35	—	—	0,20-0,30
4042	0,40-0,45	0,70-0,90	0,035	0,040	0,15-0,35	—	—	0,20-0,30
4047	0,45-0,50	0,70-0,90	0,035	0,040	0,15-0,35	—	—	0,20-0,30
4053	0,50-0,56	0,75-1,00	0,040	0,040	0,20-0,35	—	—	0,20-0,30
4063	0,60-0,67	0,75-1,00	0,040	0,040	0,20-0,35	—	—	0,20-0,30
4068	0,63-0,70	0,75-1,00	0,040	0,040	0,20-0,35	—	—	0,20-0,30
4118	0,18-0,23	0,70-0,90	0,035	0,040	0,15-0,35	—	0,40-0,60	0,08-0,15
4119	0,17-0,22	0,70-0,90	0,040	0,040	0,20-0,35	—	0,40-0,60	0,20-0,30
4125	0,23-0,28	0,70-0,90	0,040	0,040	0,20-0,35	—	0,40-0,60	0,20-0,30
4130	0,28-0,33	0,40-0,60	0,035	0,040	0,15-0,35	—	0,80-1,10	0,15-0,25
4135	0,33-0,38	0,70-0,90	0,035	0,040	0,15-0,35	—	0,80-1,10	0,15-0,25
4137	0,35-0,40	0,70-0,90	0,035	0,040	0,15-0,35	—	0,80-1,10	0,15-0,25
4140	0,38-0,43	0,75-1,00	0,035	0,040	0,15-0,35	—	0,80-1,10	0,15-0,25
4142	0,40-0,45	0,75-1,00	0,035	0,040	0,15-0,35	—	0,80-1,10	0,15-0,25
4145	0,43-0,48	0,75-1,00	0,035	0,040	0,15-0,35	—	0,80-1,10	0,15-0,25
4147	0,45-0,50	0,75-1,00	0,035	0,040	0,15-0,35	—	0,80-1,10	0,15-0,25
4150	0,48-0,53	0,75-1,00	0,035	0,040	0,15-0,35	—	0,80-1,10	0,15-0,25
4161	0,56-0,64	0,75-1,00	0,035	0,040	0,15-0,35	—	0,70-0,90	0,25-0,35
4317	0,15-0,20	0,45-0,65	0,040	0,040	0,20-0,35	1,65-2,00	0,40-0,60	0,20-0,30
4320	0,17-0,22	0,45-0,65	0,035	0,040	0,15-0,35	1,65-2,00	0,40-0,60	0,20-0,30
4337	0,35-0,40	0,60-0,80	0,040	0,040	0,20-0,35	1,65-2,00	0,70-0,90	0,20-0,30
4340	0,38-0,43	0,60-0,80	0,035	0,040	0,15-0,35	1,65-2,00	0,70-0,90	0,20-0,30
E4340	0,38-0,43	0,65-0,85	0,025	0,025	0,15-0,35	1,65-2,00	0,70-0,90	0,20-0,30
4419	0,18-0,23	0,45-0,65	0,035	0,040	0,15-0,30	—	—	0,45-0,60
4419H	0,17-0,23	0,35-0,75	0,035	0,040	0,15-0,30	—	—	0,45-0,60

Tabela 8 (continuação)

SAE-AISI	C	Mn	P máx.	S máx.	Si	Ni	Cr	Mo
4422	0,20-0,25	0,70-0,90	0,035	0,040	0,15-0,35	—	—	0,35-0,45
4427	0,24-0,29	0,70-0,90	0,035	0,040	0,15-0,35	—	—	0,35-0,45
4608	0,06-0,11	0,25-0,45	0,040	0,040	0,25 máx	1,40-1,75	—	0,15-0,25
46B12	0,10-0,15	0,45-0,65	0,040	0,040	0,20-0,35	1,65-2,00	—	0,20-0,30
4615	0,13-0,18	0,45-0,65	0,035	0,040	0,15-0,35	1,65-2,00	—	0,20-0,30
4617	0,15-0,20	0,45-0,65	0,035	0,040	0,15-0,35	1,65-2,00	—	0,20-0,30
4620	0,17-0,22	0,45-0,65	0,035	0,040	0,15-0,35	1,65-2,00	—	0,20-0,30
X4620	0,18-0,23	0,50-0,70	0,040	0,040	0,20-0,35	1,65-2,00	—	0,20-0,30
4621	0,18-0,23	0,70-0,90	0,035	0,040	0,15-0,30	1,65-2,00	—	0,20-0,30
4621H	0,17-0,23	0,60-1,00	0,035	0,040	0,15-0,30	1,55-2,00	—	0,20-0,30
4626	0,24-0,29	0,45-0,65	0,035	0,040	0,15-0,35	0,70-1,00	—	0,15-0,25
4640	0,38-0,43	0,60-0,80	0,040	0,040	0,20-0,35	1,65-2,00	—	0,20-0,30
4718	0,16-0,21	0,70-0,90	—	—	—	0,90-1,20	0,35-0,55	0,30-0,40
4720	0,17-0,22	0,50-0,70	0,035	0,040	0,15-0,35	0,90-1,20	0,35-0,55	0,15-0,25
4812	0,10-0,15	0,40-0,60	0,040	0,040	0,20-0,35	3,25-3,75	—	0,20-0,30
4815	0,13-0,18	0,40-0,60	0,035	0,040	0,15-0,35	3,25-3,75	—	0,20-0,30
4817	0,15-0,20	0,40-0,60	0,035	0,040	0,15-0,35	3,25-3,75	—	0,20-0,30
4820	0,18-0,23	0,50-0,70	0,035	0,040	0,15-0,35	3,25-3,75	—	0,20-0,30
8115	0,13-0,18	0,70-0,90	0,035	0,040	0,15-0,35	0,20-0,40	0,30-0,50	0,08-0,15
81B45	0,43-0,48	0,75-1,00	0,035	0,040	0,15-0,35	0,20-0,40	0,35-0,55	0,08-0,15
8615	0,13-0,18	0,70-0,90	0,035	0,040	0,15-0,35	0,40-0,70	0,40-0,60	0,15-0,25
8617	0,15-0,20	0,70-0,90	0,035	0,040	0,15-0,35	0,40-0,70	0,40-0,60	0,15-0,25
8620	0,18-0,23	0,70-0,90	0,035	0,040	0,15-0,35	0,40-0,70	0,40-0,60	0,15-0,25
8622	0,20-0,25	0,70-0,90	0,035	0,040	0,15-0,35	0,40-0,70	0,40-0,60	0,15-0,25
8625	0,23-0,28	0,70-0,90	0,035	0,040	0,15-0,35	0,40-0,70	0,40-0,60	0,15-0,25
8627	0,25-0,30	0,70-0,90	0,035	0,040	0,15-0,35	0,40-0,70	0,40-0,60	0,15-0,25
8630	0,28-0,33	0,70-0,90	0,035	0,040	0,15-0,35	0,40-0,70	0,40-0,60	0,15-0,25
8632	0,30-0,35	0,70-0,90	0,040	0,040	0,20-0,35	0,40-0,70	0,40-0,60	0,15-0,25
8635	0,30-0,38	0,75-1,00	0,040	0,040	0,20-0,35	0,40-0,70	0,40-0,60	0,15-0,25
8637	0,35-0,40	0,75-1,00	0,035	0,040	0,15-0,35	0,40-0,70	0,40-0,60	0,15-0,25
8640	0,38-0,43	0,75-1,00	0,035	0,040	0,15-0,35	0,40-0,70	0,40-0,60	0,15-0,25
8641	0,38-0,43	0,75-1,00	0,040	0,040-0,60	0,20-0,35	0,40-0,70	0,40-0,60	0,15-0,25
8642	0,40-0,45	0,75-1,00	0,035	0,040	0,15-0,35	0,40-0,70	0,40-0,60	0,15-0,25
8645	0,43-0,48	0,75-1,00	0,035	0,040	0,15-0,35	0,40-0,70	0,40-0,60	0,15-0,25

Tabela 8 (continuação)

SAE-AISI	C	Mn	P máx.	S máx.	Si	Ni	Cr	Mo
86B45	0,43-0,48	0,75-1,00	0,035	0,040	0,15-0,35	0,40-0,70	0,40-0,60	0,15-0,25
8647	0,45-0,50	0,75-1,00	0,040	0,040	0,20-0,35	0,40-0,70	0,40-0,60	0,15-0,25
8650	0,48-0,53	0,75-1,00	0,035	0,040	0,15-0,35	0,40-0,70	0,40-0,60	0,15-0,25
8653	0,50-0,56	0,75-1,00	0,040	0,040	0,20-0,35	0,40-0,70	0,50-0,80	0,15-0,25
8655	0,51-0,59	0,75-1,00	0,035	0,040	0,15-0,35	0,40-0,70	0,40-0,60	0,15-0,25
8660	0,56-0,64	0,75-1,00	0,035	0,040	0,15-0,35	0,40-0,70	0,40-0,60	0,15-0,25
8715	0,13-0,18	0,70-0,90	0,040	0,040	0,20-0,35	0,40-0,70	0,40-0,60	0,20-0,30
8717	0,15-0,20	0,70-0,90	0,040	0,040	0,20-0,35	0,40-0,70	0,40-0,60	0,20-0,30
8719	0,18-0,23	0,60-0,80	0,040	0,040	0,20-0,35	0,40-0,70	0,40-0,60	0,20-0,30
8720	0,18-0,23	0,70-0,90	0,035	0,040	0,15-0,35	0,40-0,70	0,40-0,60	0,20-0,30
8735	0,33-0,38	0,75-1,00	0,040	0,040	0,20-0,35	0,40-0,70	0,40-0,60	0,20-0,30
8740	0,38-0,43	0,75-1,00	0,035	0,040	0,15-0,35	0,40-0,70	0,40-0,60	0,20-0,30
8742	0,40-0,45	0,75-1,00	0,040	0,040	0,20-0,35	0,40-0,70	0,40-0,60	0,20-0,30
8745	0,43-0,48	0,75-1,00	0,040	0,040	0,20-0,35	0,40-0,70	0,40-0,60	0,20-0,30
8750	0,48-0,53	0,75-1,00	0,040	0,040	0,20-0,35	0,40-0,70	0,40-0,60	0,20-0,30
8822	0,20-0,25	0,75-1,00	0,035	0,040	0,15-0,35	0,40-0,70	0,40-0,60	0,30-0,40
9310	0,08-0,13	0,45-0,65	0,025	0,025	0,15-0,35	3,00-3,50	1,00-1,40	0,08-0,15
9315	0,13-0,18	0,45-0,65	0,025	0,025	0,20-0,35	3,00-3,50	1,00-1,40	0,08-0,15
9317	0,15-0,20	0,45-0,65	0,025	0,025	0,20-0,35	3,00-3,50	1,00-1,40	0,08-0,15
94B15	0,13-0,18	0,75-1,00	0,035	0,040	0,15-0,35	0,30-0,60	0,30-0,50	0,08-0,15
94B17	0,15-0,20	0,75-1,00	0,035	0,040	0,15-0,35	0,30-0,60	0,30-0,50	0,08-0,15
94B30	0,28-0,33	0,75-1,00	0,035	0,040	0,15-0,35	0,30-0,60	0,30-0,50	0,08-0,15
9437	0,35-0,40	0,90-1,20	0,040	0,040	0,20-0,35	0,30-0,60	0,30-0,50	0,08-0,15
9440	0,38-0,43	0,90-1,20	0,040	0,040	0,20-0,35	0,30-0,60	0,30-0,50	0,08-0,15
94B40	0,38-0,43	0,75-1,00	0,040	0,040	0,20-0,35	0,30-0,60	0,30-0,50	0,08-0,15
9442	0,40-0,45	0,90-1,20	0,040	0,040	0,20-0,35	0,30-0,60	0,30-0,50	0,08-0,15
9445	0,43-0,48	0,90-1,20	0,040	0,040	0,20-0,35	0,30-0,60	0,30-0,50	0,08-0,15
9447	0,45-0,50	0,90-1,20	0,040	0,040	0,20-0,35	0,30-0,60	0,30-0,50	0,08-0,15
9747	0,45-0,50	0,50-0,80	0,040	0,040	0,20-0,35	0,40-0,70	0,10-0,25	0,15-0,25
9763	0,60-0,67	0,50-0,80	0,040	0,040	0,20-0,35	0,40-0,70	0,10-0,25	0,15-0,25
9840	0,38-0,43	0,70-0,90	0,040	0,040	0,20-0,35	0,85-1,15	0,70-0,90	0,20-0,30
9845	0,43-0,48	0,70-0,90	0,040	0,040	0,20-0,35	0,85-1,15	0,70-0,90	0,20-0,30
9850	0,48-0,53	0,70-0,90	0,040	0,040	0,20-0,35	0,85-1,15	0,70-0,90	0,20-0,30

Obs.: Aços com boro de 0,0005% a 0,003%

mico de têmpera e revenimento ou de austêmpera. Pode ser alcançado profundo endurecimento (alta temperabilidade), sendo esses aços usados em produtos que necessitam alta resistência em peças grandes com boa tenacidade e ductilidade. Possuem também boa resistência à fadiga, principalmente os aços 43XX, e são muito usados na confecção de dispositivos e peças sujeitas a cargas altas e periódicas, em engrenagens de avião e em peças para a aeronáutica, além de muitas outras aplicações industriais.

No aço 4340, a bainita que se forma durante a têmpera e o revenimento tem influência importante nas propriedades mecânicas. Quando a bainita se forma em temperaturas mais baixas (bainita inferior), o prejuízo de uma microestrutura mista é bem menor. Quando a bainita se forma bem perto da temperatura M_S, a ductilidade e a tenacidade do produto são equivalentes ou até um pouco maiores que o que se obtém apoś uma têmpera que conduz a uma microestrutura completamente martensítica. Quanto mais alta for a temperatura de formação da bainita, mais se têm produtos mistos (bainita e martensita) de características diferentes, como tamanho, forma e distribuição da bainita dentro da martensita. A bainita que se forma perto da temperatura M_S é acicular e não afeta as boas propriedades mecânicas da martensita revenida obtida no produto final.

Os aços do tipo (8XXX) e (9XXX), com teores mais baixos de elementos de liga, são usados para brocas, engrenagens, serras e peças fundidas, nas quais o esforço mecânico não seja muito intenso. São aços de alta tenacidade, podendo-se conseguir uma gama enorme de propriedades mecânicas devido à ótima resposta que esses aços dão ao tratamento térmico de têmpera e revenimento. Obtém-se perfeita uniformidade das propriedades mesmo em peças de seção grande.

Aços com vanádio (6XXX) (Tab. 9) — O vanádio é, em vários aspectos, semelhante ao molibdênio, pois tende a intensificar as propriedades conseguidas por outros elementos de liga. O vanádio diminui o crescimento do grão, melhora as propriedades de fadiga e contribui também para a desoxidação. A liga 6150 é usada para molas, principalmente porque ela possui alto limite elástico na condição tratada termicamente; também é usada em eixos, pinhões, engrenagens de alta resistência mecânica, à fadiga e à fluência em altas temperaturas.

Tabela 9 — Composição química dos aços com vanádio (em %)

SAE	C	Mn	P máx	S máx	Si	Cr	V mín.
6115	0,10-0,20	0,30-0,60	0,040	0,050	0,15-0,30	0,80-1,10	0,15
6117	0,15-0,20	0,70-0,90	0,040	0,040	0,20-0,35	0,70-0,90	0,10
6118	0,16-0,21	0,50-0,70	0,035	0,040	0,15-0,35	0,50-0,70	0,10-0,15
6120	0,17-0,22	0,70-0,90	0,040	0,040	0,20-0,35	0,70-0,90	0,10
6125	0,20-0,30	0,60-0,90	0,040	0,050	0,15-0,30	0,80-1,10	0,15
6130	0,25-0,35	0,60-0,90	0,040	0,050	0,15-0,30	0,80-1,10	0,15
6135	0,30-0,40	0,60-0,90	0,040	0,050	0,15-0,30	0,80-1,10	0,15
6140	0,35-0,45	0,60-0,90	0,040	0,050	0,15-0,30	0,80-1,10	0,15
6145	0,43-0,48	0,70-0,90	0,040	0,050	0,20-0,35	0,80-1,10	0,15
6150	0,48-0,53	0,70-0,90	0,035	0,040	0,15-0,35	0,80-1,10	0,15
6195	0,90-1,05	0,20-0,45	0,030	0,035	0,15-0,30	0,80-1,10	0,15

As ligas de maior teor de carbono (6118 e 6120) são boas para ser cementadas devido à propriedade de inibidor do crescimento de grão fornecido pelo vanádio.

Aços silício-manganês (92XX) (Tab. 10) — São aços com 1,8% a 2,2% Si e de 0,7% a 1,0% Mn usados para molas, devido a seu alto limite elástico. São aços no quais se devem tomar precauções para evitar a descarbonetação e crescimento de grão.

Tabela 10 — Composição química dos aços silício manganês (em %)

SAE	C	Mn	P máx	S máx	Si	Cr
9250	0,45-0,55	0,60-0,90	0,040	0,040	1,80-2,20	—
9254	0,51-0,59	0,60-0,80	0,035	0,040	1,20-1,60	0,60-0,80
9255	0,51-0,59	0,70-0,95	0,035	0,040	1,80-2,20	—
9260	0,56-0,64	0,75-1,00	0,035	0,040	1,80-2,20	—
9261	0,55-0,65	0,75-1,00	0,040	0,040	1,80-2,20	0,10-0,25
9262	0,55-0,65	0,75-1,00	0,040	0,040	1,80-2,20	0,25-0,40

A tenacidade desses aços é menor que a dos aços com molibdênio ou com níquel-cromo-molibdênio, ou ainda com cromo-vanádio. Para uso estrutural, eles são usados em aplicações em que se requer maior resistência mecânica que a encontrada em aços-carbono comuns. Os teores mais altos de silício e manganês conferem esta alta resistência, sendo usadas teores de 0,20% a 0,40% C, de 0,25% a 1,25% Si e de 0,60% a 0,90% Mn.

Aços tungstênio-cromo — (7XXX) (Tab. 11) — São aços para serem usados em peças que trabalhem a quente, como matrizes. Assemelham-se aos aços-ferramenta (*Cap. 6*).

Para os aços 71360 e 71660, pode-se acrescentar vanádio para melhorar as propriedades de fadiga. Os aços deste grupo são muito duros devido à presença de carbonetos complexos de cromo, tungstênio e ferro. O aço 7260, por conter bem menos quantidade de tungstênio, alia boa resistência mecânica com tenacidade, porém as peças fabricadas com este tipo de aço não podem trabalhar em temperaturas mais altas que 400°C aproximadamente. O silício contribui para o aumento da resistência à abrasão desses aços.

Tabela 11 — Composição química dos aços tungstênio-cromo (em %)

SAE	C	Mn	P máx	S máx	Si	Cr	W
71360	0,50-0,70	0,30	0,035	0,040	0,15-0,30	3,00-4,00	12,00-15,00
71660	0,50-0,70	0,30	0,035	0,040	0,15-0,30	3,00-4,00	15,00-18,00
7260	0,50-0,70	0,30	0,035	0,040	0,15-0,30	0,50-1,00	1,50-2,00

Aços contendo boro (XXBXX) — O efeito do boro já foi amplamente discutido no Cap. 3. Ele é usado em aços-carbono ou aços-liga contendo só cromo ou níquel-cromo-molibdênio, para aumentar a temperabilidade, por atrasar o início de transformação da microestrutura. Assim, a ferrita e a perlita se formam isotermicamente em um tempo mais curto no caso de recozimento ou normalização, e a profundidade de têmpera é maior no caso do tratamento de têmpera. Além disso, o boro melhora as características de conformabilidade tanto a quente como a frio e também a usinabilidade do aço.

O teor de boro nos aços-carbono e nos aços-liga é geralmente de 0,0005% a 0,003%.

Aços contendo chumbo (XXLXX) — O efeito do chumbo, como já foi mencionado, é o de aumentar a usinabilidade do aço. Na Tab. 2, são apresentados os teores normalmente usados nos aços-carbono.

5 AÇOS DE ALTA LIGA

No Cap. 3, foi verificado o efeito dos elementos de liga quando eles estão presentes geralmente em baixos teores. Neste capítlo, será explicado o efeito dos elementos empregados em altos teores para a produção de aços-liga para finalidades especiais. Note-se que o que foi dito no Cap. 3 também vale neste capítulo, porém, quando um elemento de liga está presente em teores altos, ele produz novas alterações, que serão mostradas aqui.

Os elementos geralmente usados em altos teores são: cromo, níquel, molibdênio, tungstênio, manganês e silício. Com altas porcentagens desses elementos são fabricados os aços especiais, ou seja, os aços inoxidáveis, os aços resistentes à abrasão, os aços de resistência muito alta, os aços resistentes ao calor e outros. Neste Capítulo e no Cap. 6 serão descritos todos esses aços. Nessas utilizações, o emprego de aços-carbono é impraticável, pois eles perdem a resistência, por exemplo, quando a temperatura de utilização for mais alta ou o meio ambiente se tornar mais corrosivo.

a) AÇOS DE RESISTÊNCIA MUITO ALTA

1º) AÇOS DIVERSOS

Quando se deseja uma resistência mecânica muito alta para os aços, corre-se o risco de se perder tenacidade, principalmente quando a peça contém regiões ou partes suscetíveis à formação de trincas, ou é usada a baixas temperaturas. Nessas condições, a peça pode romper-se bruscamente, principalmente quando recebe um esforço dinâmico alto ou mesmo esforços menores, porém cíclicos, onde ela pode romper-se por fadiga. Peças que contenham entalhe e/ou cantos vivos são muito suscetíveis a trincas e, uma vez formada a trinca, a ruptura pode ocorrer repentinamente, ainda mais quando a peça estiver em serviço a baixa temperatura. A tenacidade ao entalhe é uma propriedade muito importante que os aços de resistência muito alta devem possuir para aplicações em aeronáutica, navegação, grandes peças estruturais soldadas e muitas outras. Alguns desses aços estão relacionados na Tab. 12.

Em geral, pode-se modificar a composição química do aço aumentando-se, por exemplo, o teor de um ou mais elementos de liga, para dar maior tenacidade, e mantendo-se baixos os teores de carbono, enxofre, oxigênio e nitrogênio, para evitar a formação de carbonetos, sulfetos, óxidos e nitretos grandes e mal distribuídos, que reduzem sensivelmente a tenacidade, principalmente os sulfetos. Nos aços de altíssima resistência, o teor de enxofre deve ficar geralmente abaixo de 0,015%.

Quando o aço precisa ser temperado e revenido para obter resistência muito alta, o revenimento pode prevenir a baixa tenacidade ao entalhe, porém, neste caso, ele deve ser realizado em temperaturas mais altas. Com isso, pode-se perder elasticidade, ou seja, redução do limite de escoamento do aço ou mesmo causar a fragilidade ao revenido, no caso de se fazer o revenimento em temperaturas que favoreçam este fenômeno.

Para aços com composição química de baixa liga com cromo, níquel e molibdênio, que necessitam ter resistência muito alta, pode-se adicionar um teor de silício mais alto (até 2% Si). Durante o revenimento, o silício inibe o crescimento de carbonetos e a formação de cementita, e o revenimento pode ser feito em temperaturas nas quais poderia ocorrer a fragilidade ao revenido (de 260 a 320°C), não causando fragilização, aliviando as tensões causadas pela têmpera e aumentando a tenacidade do aço. A adição de silício é equivalente à adição de vanádio ou nióbio, que refina o grão da austenita, obtendo-se também grande tenacidade com alta resistência no produto final temperado e revenido.

Quando se requer, além de alta resistência e alta tenacidade, ainda soldabilidade, pode-se aumentar o teor de níquel (até 5,5% Ni) para a produção de chapas de alta resistência. O aumento de níquel contribui para o aumento do limite de escoamento e da dureza desses aços. Neste caso, deve-se manter bem reduzidos os teores de enxofre e fósforo. O carbono deve ficar em porcentagens de até 0,20%, pois, em teores maiores, a tenacidade cai, embora se aumente a resistência mecânica. O níquel aumenta bastante a tenacidade por ficar em solução sólida na ferrita. Com teores maiores de níquel, a dureza e a resistência da ferrita aumentam, atingindo-se um máximo para cerca de 15% Ni; acima disso, a dureza começa a cair.

A introdução de alto teor de cromo e molibdênio num aço-carbono produz um aço estrutural de alta resistência até a temperaturas mais altas. Neste caso, podem-se usar aços com 4% a 5% Cr e até 4,5% Mo. Esses aços endurecem com têmpera ao ar e não sofrem com isso empenamentos causados por têmpera mais brusca. O cromo promove o aumento da resistência e o molibdênio promove o endurecimento secundário durante o revenimento a alta temperatura pela formação do carboneto de molibdênio (Mo_2C). Quando se adiciona, por exemplo, vanádio, o endurecimento secundário também é favorecido pela formação de carboneto de vanádio (V_4C_3). Com o revenimento em alta temperatura, elimina-se toda a tensão residual existente no aço temperado. Entretanto, a tenacidade desses aços não é muito alta.

No caso de aço-carbono de baixa liga com aumento apenas do molibdênio, podem-se produzir aços de alta resistência cementados. O molibdênio, em teores entre 4% e 5% em conjunto com vanádio ou nióbio, mantém alta a resistência do núcleo e da superfície até a altas temepraturas (400°C). Com teores de 3% a 3,5% Mo e mais 2% Cu, também se obtêm aços cementados com alta resistência do núcleo devido à reação de precipitação adicionada causada pelo cobre.

A modificação de aços-liga da série SAE-AISI é uma maneira de se conseguir alta resistência mecânica. Adicionando-se vanádio a uma liga semelhante ao aço SAE 4340, alia-se alta resistência com alta tenacidade pelo refino de grão austenita que o vanádio promove. Este refino de grão da austenita leva também a um refino da microestrutura do aço após a têmpera e o revenimento. As ligas da Tab. 12, que contêm vanádio ou boro, enquadram-se também nesse processo de refino de grão.

O problema da fragilidade ao revenido encontrado, por exemplo, no aço SAE 4340 pode ser contornado usando-se aços

Tabela 12 — Aços de resistência muito alta (teores médios em %)

Designação	C	Mn	Si	P máx	S máx	Ni	Cr	Mo	Outros
4330 modif.	0,30	0,90	0,30			1,83	0,85	0,43	V: 0,08
Hy-Turf	0,25	1,35	1,50	0,04	0,04	1,83	0,30	0,40	—
Super Hy-Turf	0,47	1,28	2,42			—	1,11	0,42	V: 0,25
HS-220	0,30	0,70	0,55			2,05	1,20	0,45	—
Tricent	0,43	0,80	1,60			1,83	0,85	0,38	V: 0,08
Super Tricent	0,55	0,80	2,10			3,60	0,90	0,50	—
98BV40	0,40	0,75	0,30			0,85	0,80	0,20	B: 0,003
USS Strux	0,43	0,90	0,55			0,75	0,90	0,55	B: 0,003
H 11	0,40						5,00	1,50	V: 0,50
INCO 300-M	0,40	0,75	1,60	0,025	0,025	1,85	0,80	0,40	—
AMS 6434	0,34	0,70	0,30	0,025	0,025	1,85	0,75	0,35	V: 0,20
Ladish D6AC	0,45	0,75	0,25	0,025	0,025	0,60	1,10	1,00	V: 0,08
HY-80	0,18	0,25	0,25	0,025	0,025	2,65	1,40	0,40	—
HY-100	0,20	0,25	0,25	0,025	0,025	3,00	1,40	0,40	—
HY-130	0,12	0,75	0,30	0,010	0,015	5,00	0,55	0,50	V: 0,08
H 13	0,35						5,00	1,50	V: 1,00
M-50	0,80	0,25	0,20				4,00	4,25	V: 1,00
T1	0,70	0,30	0,20				4,00	0,30	V: 1,20 W: 18,0

Designação	C	Mn	Si	P máx	S máx	Ni	Cr	Mo	Outros
Aços Maraging *Tipo* 200	0,03 máx	0,12 máx	0,12 máx			18,0	—	3,25	Co: 8,5
									Ti: 0,20
									Al: 0,15 máx
250	0,03 máx	0,12 máx	0,12 máx			18,0	—	4,90	Co: 8,0
									Ti: 0,40
									Al: 0,15 máx
300	0,03 máx	0,12 máx	0,12 máx			18,0	—	4,90	Co: 0,90
									Ti: 0,65
									Al: 0,15 máx
350	0,01 máx	0,10 máx	0,10 máx			17,5	—	3,75	Co: 12,5
									Ti: 1,80
									Al: 0,15 máx

com menor teor de carbono e maior teor de molibdênio e silício, com ou sem vanádio. Desta maneira, pode-se revenir o aço dentro da faixa de temperaturas críticas para o aço SAE 4340, ou seja, acima de 370°C, sem grande perda de resistência, obtendo-se ainda ótimas tenacidade e ductilidade. Nestes aços, a faixa de temperatura indesejável no revenimento fica mais elevada, não sendo, então, alcançada durante este tratamento. Temperaturas em torno de 370°C são as ideais para o revenimento de aços de resistência mecânica muito elevada.

Os aços com alto cromo (tipo H 11 ou H 13) também combinam alta resistência com alta tenacidade, por meio de endurecimento secundário, que resulta em um revenimento duplo numa faixa de temperaturas mais alta (de 500 a 650°C), sem ocorrer fragilidade ao revenido. Esses aços também possuem resistência satisfatória a temperaturas altas (até 600°C), pois o endurecimento secundário leva à formação de carbonetos complexos e estáveis, finamente dispersos na matriz que mantém a resistência alta a temperaturas mais elevadas. Os aços com alto tungstênio (tipo T 1) mantêm a resistência pela formação também de carbonetos duros de tungstênio.

Um outro tipo de aço de resistência muito alta e que não consta da Tab. 12 é o aço "ausdeformado" (*ausformed steel*). Este aço é processado por meio de um tratamento termomecânico em produtos planos, que consiste em aquecer o produto até a região austenítica, a cerca de 1.000°C, resfriar ao ar até 570°C e, então, fazer a laminação nessa temperatura antes de resfriar o aço até a temperatura ambiente. A seguir, é feito o revenimento. A laminação àquela temperatura alta produz a precipitação de carbonetos de molibdênio, cromo e vanádio em lugares estratégicos da estrutura, que permanecem após a transformação da austenita em martensita, aumentando a resistência do aço. Os aços ausdeformados típicos contém 3% Cr, que evita a formação de ferrita em bainita, e mais níquel, silício, manganês, molibdêno e vanádio em teores variando de 1% a 3,5%, sendo o teor de carbono entre 0,3% e 0,6%. Quanto maior for o grau de deformação plástica e o teor de carbono, mais se aumenta a resistência do aço. A laminação desses aços a 570°C pode levar a uma redução de sua espessura de 50% a 90%. No revenimento, ocorre o endurecimento secundário, no qual os carbonetos crescem e, caso o tempo de revenimento seja muito longo, eles podem introduzir fragilidade ao aço. Este efeito é mais intenso quando a deformação por laminação é grande.

2º) AÇOS MARAGING

Alta resistência e alta tenacidade também podem ser conseguidas com aço de baixo carbono (0,03% C máximo), contendo elevados teores de níquel (18%) combinado com altos teores de cobalto (de 7,0% a 9,5% Co) e molibdênio (de 3,0% a 5,2% Mo), podendo ainda conter titânio até 1,40% e mantendo-se baixos os teores de silício e manganês (0,12% cada). Esses aços são temperados e depois envelhecidos.

Estes aços são denominados aços Maraging e posssuem limite de escoamento bastante alto, conseguido por meio do tratamento de envelhecimento, ou seja, endurecimento por precipitação isotérmica de compostos intermetálicos de níquel, molibdênio, titânio e ferro depois de solubilizados na matriz. O precipitado que mais contribui para o endurecimento é provavelmente o Ni_3Mo.

O cobalto é usado para promover locais próprios para a nucleação dos precipitados por meio de ordenação da estrutura. Aumentando-se o teor desses elementos de liga, são conseguidas resistências cada vez mais altas, porém com perda de tenacidade ou, no caso de níquel muito elevado, perda de resistência devido ao aumento da austenita retida após a têmpera, que é feita ao ar a mais ou menos 850°C.

Nos aços Maraging, o envelhecimento isotérmico deve ser feito em uma temperatura em torno de 500°C com resfriamento ao ar. Os aços Maraging devem ainda conter teores de alumínio, boro, zircônio e cálcio como adições para desoxidação e aumento da resistência ao impacto (até 0,05% Al) e para melhoria da tenacidade e da resistência à corrosão sob tensão (até 0,003% B e 0,02% Zr). O boro e o zircônio ocasionam um impedimento da precipitação em contornos de grão para que isso aconteça. Na Tab. 12 são fixados somente os elementos que entram em maior quantidade.

Os teores de carbono, manganês, fósforo, silício, enxofre, nitrogênio e oxigênio são fixados em baixos teores para evitar a fragilização por formação de nitretos, sulfetos e carbonetos, roubando titânio e molibdênio de suas funções de elevar a tenacidade. Além disso, a martensita formada durante a têmpera não é tão dura e não tem a fragilidade das martensitas dos outros aços devido aos baixos teores daqueles elementos que produzem martensita substitucional e não-intersticial, como é o caso da martensita dos aços-carbono. O envelhecimento posterior pode ser controlado para se atingir durezas finais bem diversas, conforme a aplicação do aço.

b) AÇOS RESISTENTES À ABRASÃO E AÇOS INOXIDÁVEIS

O diagrama de equilíbrio Fe-Fe_3C mostrado no Cap. 2 fica muito modificado quando se adicionam elementos de liga ao aço-carbono. Quando os elementos de liga estão em teores baixos, embora já modifiquem aquele diagrama, este fato pode ser omitido, pois a influência de tais teores não necessita ser explicada, lançando-se mão de diagramas de equilíbrio ternários ou quaternários. No Cap. 3, foi visto como os elementos de liga influem de uma maneira puramente descritiva, sem se falar nas mudanças no diagrama de equilíbrio Fe-Fe_3C.

Quando a porcentagem de um elemento de liga se torna alta, entretanto, precisa-se conhecer o que acontece com o diagrama de equilíbrio binário entre o ferro e o elemento considerado. Os elementos de liga usados em altos teores para os aços deste item são os seguintes: manganês, níquel, cromo e molibdênio.

1º) AÇOS RESISTENTES À ABRASÃO

O manganês é um elemento estabilizador da austenita, isto é, ele expande o campo de γ (Fig. 5). Como foi visto, em muitos casos, ele tem funções semelhantes ao níquel e, às vezes, é adicionado em teores de até 2% aos aços de alta resistência para substituir o níquel, que é um elemento mais caro. No entanto, em teores acima de 11% Mn, o manganês estabiliza tanto a austenita, que se pode ter um aço austenítico (não ferromagnético) à temperatura ambiente: é o aço ao mangnês, também chamado aço Hadfield.

Os aços com 1% C e de 12% a 14% Mn possuem uma temperatura de início de formação da martensita (temperatura M_s) muito baixa, bem abaixo da temperatura ambiente. Desta ma-

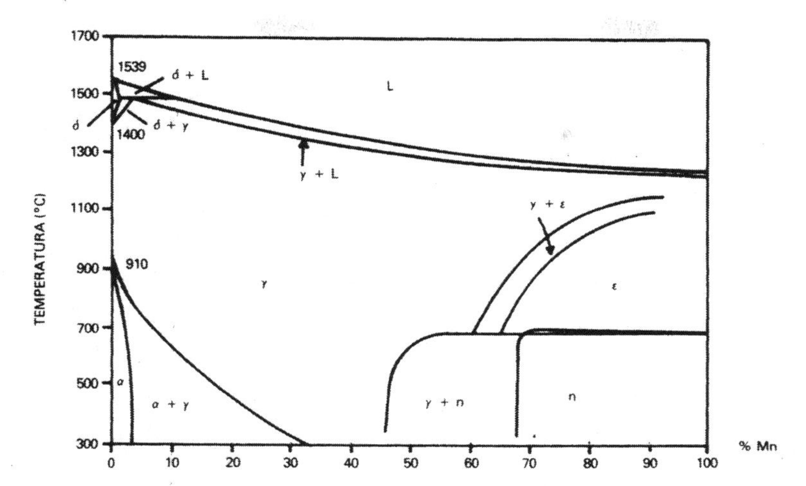

Figura 5 - Diagrama de equilíbrio Fe-Mn.

neira, temperando-se esse aço em água até a temperatura ambiente, a estrutura pode permanecer austenítica indefinidamente. Em resfriamentos lentos, porém, a austenita é transformada.

Este aço tem ótima capacidade de encruamento (endurecimento por deformação plástica), além de alta resistência, dureza, boa tenacidade e resistência à abrasão, principalmente. Essas propriedades são ocasionadas pela presença de manganês e carbono em solução sólida. Durante a utilização do aço, o encruamento e a abrasão fazem o endurecimento do aço ficar ainda maior (até dureza Brinell de 550), devido a uma transformação parcial da austenita em martensita. Portanto, o aço Hadfield é empregado em peças nas quais se requer alta dureza e alta resistência à abrasão.

Abaixo de 1% C, pode-se ter um aço com menor limite de escoamento e menor resistência à abrasão. Muito acima de 1,5% C, pode-se ter problemas na têmpera por haver a possibilidade de ocorrer alguma precipitação de carboneto durante a têmpera, diminuindo a tenacidade do aço.

O manganês, além de estabilizar a austenita, promove a ductilidade ao aço Hadfield nos teores usados. Abaixo de 11% Mn, não se alcança alta resistência. Acima de 14% Mn, o aço fica muito quebradiço. A relação Mn:C deve ser igual a 11 ou 10 para 1.

Dos outros elementos que esses aços podem conter, pode-se afirmar que o silício deve ficar em teores abaixo de 2% com o propósito de aumentar o limite de escoamento e a tenacidade. O silício ainda dá maior resistência ao descascamento e não pode estar em teores mais altos por provocar a descarbonetação. O fósforo deve ficar abaixo de 0,10% para não promover fragilidade após o tratamento térmico. O enxofre deve ficar abaixo de 0,05% para não retirar manganês do aço, sendo que o excesso de enxofre é eliminado na escória durante a fabricação do aço. Pode-se adicionar níquel em porcentagens de até 3% para se conseguir maior tenacidade em alta temperatura. Entretanto isso só é realmente efetivo, quando a porcentagem de carbono for baixa (menor que 1%). O cromo pode ser adicionado em até 2% para melhorar a resistência à abrasão com sacrifício da tenacidade e ainda o cobre em até 1% para melhorar a baixa ductilidade da liga, principalmente quando o cromo também estiver presente.

O cromo aumenta a dureza inicial dos aços Hadfield e também depois, quando esses aços sofrem deformação por impacto. Além disso, o cromo também reduz a quantidade de deformação necessária para se atingir uma determinada dureza, porque, neste caso, tem-se um aço mais duro e não porque se aumenta a taxa de encruamento. Acima de 3% Cr, ocorre baixa tenacidade pela precipitação de carboneto de cromo formando redes frágeis nos contornos de grão. O cromo aumenta também o limite de escoamento dos aços ao manganês, mais diminui o limite de resistência, isto é, encurta a fase plástica do aço.

Os aços ao manganês são fabricados por fundição. Sua usinabilidade é baixa devido a sua dureza muito alta e eles não servem para aplicações como aço-ferramenta, pois seu limite de escoamento é relativamente baixo (*ver Cap. 6*).

2º) AÇOS INOXIDÁVEIS

A baixa resistência dos aços-carbono à corrosão e à oxidação limita a utilização desses aços em ambientes hostis. Nesses casos, usam-se os aços inoxidáveis.

Assim como o manganês alarga o campo de γ nas ligas Fe-Fe_3C, o mesmo acontece com o níquel (Fig. 6). Entretanto, com o cromo se dá o inverso: ele restringe bastante o campo de γ, estabilizando a ferrita (Fig. 7). Assim, as ligas de Fe-C-Cr e

Fe-C-Cr-Ni, denominadas aços inoxidáveis e que contém altos teores de cromo e em alguns casos também de níquel, podem-se tornar martensíticas, ferríticas ou austeníticas à temperatura ambiente. Para a liga se tornar austenítica, ela precisa conter alta porcentagem de níquel. As ligas martensíticas e ferríticas, pelo contrário, não devem conter níquel.

Pode-se adicionar um teor pequeno de níquel nos aços inoxidáveis martensíticos e ferríticos, apenas quando eles contiverem alto cromo, porque o níquel diminui o ataque por corrosão não-oxidante. O alto cromo impede a liga de se tornar austenítica.

Adições de outros elementos podem ser feitas para melhorar as propriedades mecânicas ou de resistência à corrosão em certos ambientes particulares. Dos outros elementos, o molibdênio é o mais utilizado.

Os aços inoxidáveis sempre contêm cromo em alto teor, pois este é o elemento que confere ao aço a resistência à corrosão e à oxidação para a maioria dos casos, sendo o diagrama de equilíbrio Fe-Cr a base de todos os aços inoxidáveis. Quanto mais cromo estiver presente, mais resistente à corrosão e à oxidação o aço se torna.

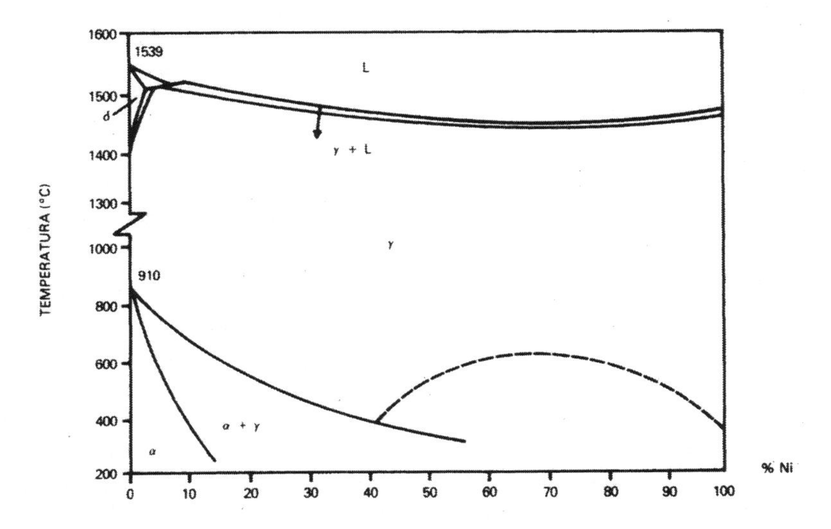

Figura 6 - Diagrama de equilíbrio Fe-Ni.

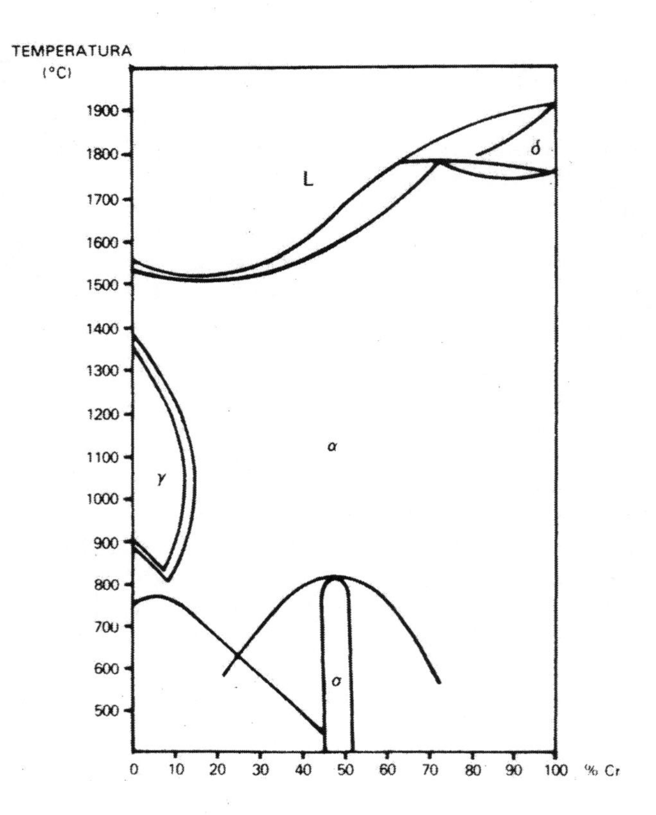

Figura 7 - Diagrama de equilíbrio Fe-Cr.

Conforme os teores de cromo, níquel e carbono mais usados, têm-se, então, os seguintes tipos de aços inoxidáveis:

1º) *Martensíticos*, contendo de 11,5% a 18% Cr e de 0,08% a 1,1%C, mais comumente. São aços tratados na condição austenítica para formar martensita.

2º) *Ferríticos* , contendo de 15% a 30% Cr e cerca de 0,12% C. São aços não endurecíveis por tratamento-térmico.

3º) *Austeníticos* , contendo de 16% a 26% Cr e de 6% a 22% Ni. São aços não-ferromagnéticos, sendo que a estabilidade da austenita é devida ao níquel e ao carbono existentes.

Os aços inoxidáveis são produzidos por fundição ou por trabalho mecânico e possuem as seguintes propriedades: boa resistência mecânica e tenacidade; boas características de fabricação; resistência moderada ao calor; e ótima resistência à corrosão atmosférica e química, em geral.

Os aços martensíticos, devido ao teor relativamente baixo de cromo, são usados para peças resistentes à oxidação atmosférica e agentes químicos moderadamente corrosivos. Os aços ferríticos, que contêm ferrita estável, são estremamente resistentes à oxidação e a soluções oxidantes. Eles são geralmente fabricados por trabalhos mecânicos em forma de chapas para fins estruturais. Os aços austeníticos possuem maior resistência a temperaturas elevadas, são facilmente soldáveis e resistentes também em vários ambientes.

A resistência à corrosão resulta da presença de um filme fino de óxido ou hidreto na superfície do metal, que é estabilizado pelo cromo, protegendo o metal. Embora adições de 1% a 11% Cr ao aço já aumentem progressivamente a resistência à oxidação a temperaturas ambientes e elevadas e ao enferrujamento, esta resistência é geralmente insuficiente para ambientes químicos muito corrosivos. Com mais de 11% Cr já se tem uma resistência à corrosão compatível para a utilização do aço em ambientes mais agressivos.

Aços inoxidáveis ferritícos — São aços de resistência mecânica mais baixa, principalmente em altas temperaturas e podem conter até 27% Cr, ficando ainda o aço com estrutura ferrítica. O mínimo de cromo nesses aços é de 11,5%. Esses aços não podem ser endurecidos por meio de tratamento térmico, sendo usados na condição recozida. Para aumentar sua resistência mecânica, pode-se trabalhar o aço a frio a fim de evitar a tendência de crescimento dos grãos que acontece quando o teor de cromo é mais que 15%. Deve-se evitar a formação da fase σ, que é frágil, pois, quando ela aparece, têm-se menor resistência à corrosão e baixa tenacidade do aço. Para se atingir austenita em um aço inoxidável ferrítico, precisa-se ter também nitrogênio no aço. O nitrogênio também dificuta o crescimento do grão. A região $\alpha + \sigma$ é expandida quando se tem 0,2% (C + N) com teores de cromo entre 13% e 27%.

A fase σ (Fig. 8) é uma fase de estrutura tetragonal que se forma lentamente abaixo de 800°C até cerca de 600°C. Abai-

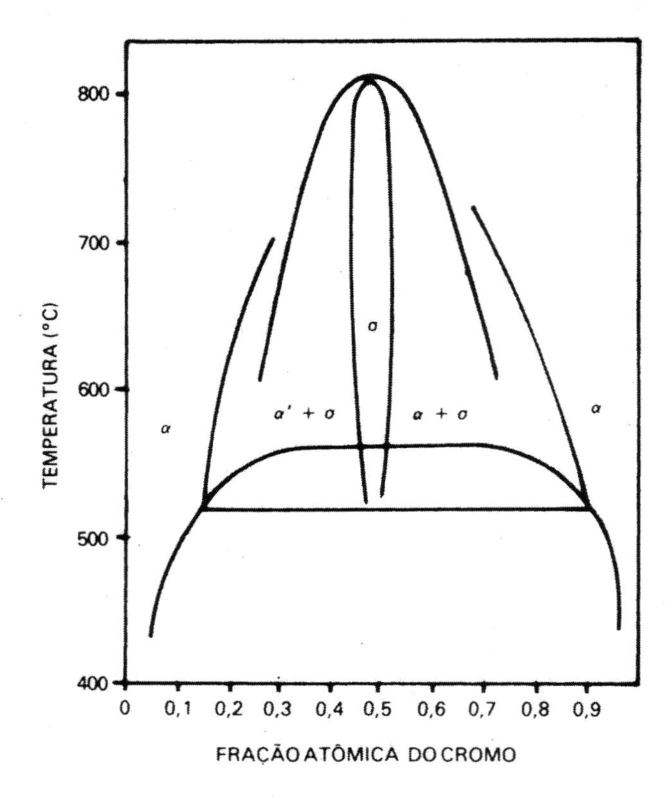

Figura 8 - Diagrama de equilíbrio Fe-Cr na região da fase σ.

xo desta temperatura, a fase σ se decompõe em α + α' também muito lentamente. A fase α é rica em ferro e a α', em cromo. Como a reação de formação de σ é muito demorada, pode-se evitá-la por meio de resfriamento mais rápido.

A fase σ tem composição aproximada FeCr. Esta fase se dissolve acima de aproximadamente 815°C na fase α (ferrita). Em torno de 600°C., pode se formar σ com cerca de 25% Cr. A adição de outros elementos altera essas temperaturas, além da formação de σ ser muito lenta a essa temperatura.

A decomposição da fase σ acontece em temperaturas entre 350 e 500°C, aparecendo, então, as fases α e α', que são soluções sólidas de cromo em ferro. A fase α' dá grande fragilidade à liga e pode ser removida por dissolução, reaquecendo a liga até acima de 550°C. Nas ligas com teores menores de cromo, a fragilidade não é tão pronunciada, uma vez que se tem menor quantidade de α'.

A fragilidade das ligas Fe-Cr pode ser intensificada pela presença do alumínio, molibdênio, titânio, silício, nióbio ou fósforo. Esses elementos atuam no endurecimento dos aços ferríticos por solução sólida. O níquel, ao contrário, pode reduzir a fragilização. Dessa maneira, os aços com teores dos elementos acima não devem conter a fase α'.

A fragilidade causada pela fase α só ocorre quando suas partículas forem grandes. Sua formação pode-se dar por meio de trabalho mecânico a frio. Os elementos estabilizadores da ferrita (molibdênio, silício, titânio, fósforo e manganês) também aumentam a velocidade de formação de α, assim como o aumento do teor de cromo.

Nos aços inoxidáveis ferríticos que contêm molibdênio, também pode-se formar uma outra fase χ (Fe_2CrMo) em conjunto com a fase α em temperaturas entre 550 e 920°C. Essa fase reduz a tenacidade do aço e, como ela remove cromo e molibdênio da matriz ferrítica, também reduz a resistência à corrosão.

Nesses aços ferríticos, quando existe também austenita na matriz em razão, por exemplo, de uma liga com níquel mais alto, o aço possui boa soldabilidade e a formação da fase σ pode ocorrer entre 700 a 900°C por decomposição da ferrita em autenita + σ.

Os aços inoxidáveis ferríticos são soldáveis. Depois da soldagem, porém, eles perdem sua resistência à corrosão intercristalina. Para evitar isso, adicionam-se pequenos teores de titânio ou nióbio para estabilização. A adição de molibidênio nesses aços torna-os mais resistentes a soluções clorídricas diluídas e mais resistentes mecanicamente a temperaturas mais altas.

Para usos nucleares, prefere-se utilizar os aços inoxidáveis ferríticos aos austeníticos, uma vez que estes se têm mostrado frágeis e com pouca resistência mecânica à fluência, devido à presença de hélio nos reatores nucleares de nêutrons (o hélio se forma por reação nuclear de transformação induzida por bombardeamento de nêutrons). Verificou-se que essa fragilização não acontece nos aços ferríticos. O aumento da resistência à fluência nesses aços e da resistência mecânica em geral é feito por meio de endurecimento por solução sólida e precipitação de compostos intermetálicos e por dispersão de uma fase inerte, como, por exemplo, um óxido dentro de uma matriz metálica sobre a outra. O endurecimento da matriz por solução sólida é feito por meio de adições de alumínio, molibdênio, silício, titânio, tântalo ou vanádio (elementos ferritizantes). Assim, a liga pode ser usada em aplicações a temperaturas de cerca de 700°C sem perder ductilidade. Numa liga com 13% Cr, por exemplo, adições de 2% a 6% Ti e de 1,6% a 2,0% Mo ocasionam um endurecimento por solução sólida, além de favorecer a precipitação de um composto complexo de Fe-Cr-Ti-Mo e de óxido de titânio que agem como endurecimento por dispersão.

A Tab. 13 mostra as composições químicas dos aços inoxidáveis ferríticos. O baixo teor de carbono e nitrogênio melhora a tenacidade e a sensitização, que ocorre pela precipitação de carboneto de cromo. Como o teor de carbono é baixo, esses aços não possuem resistência mecânica alta, como já foi dito. Sua propriedades fundamentais são: alta resistência à corrosão líquida e à oxidação a altas temperaturas; boa capacidade de se conformar a frio; resistência ao *pitting* e à corrosão sob tensão; e custo mais baixo que os aços austeníticos.

O molibdênio é adicionado para melhorar a resistência ao *pitting* e à corrosão galvânica em cantos vivos (*crevice corrosion*). O níquel pode ser adicionado para melhorar a resistência ao ataque de ácidos redutores. O nióbio e o titânio servem para formar nitretos e carbonetos: para se ter a temperatura de transição dúctil-frágil ao impacto abaixo de 0°C, o teor de C + N deve ser menor que 0,015%, mesmo com teores altos de cromo (mais de 25%). Daí a necessidade de se ter nióbio e/ou titânio para fixar o carbono e o nitrogênio.

Acima de 300°C, a tenacidade desses aços não é muito alta devido à possibilidade de formação das fase α e α'.

O fenômeno de sensitização caracteriza-se pela perda de cromo pela formação de carbonetos em contornos de grão. Quanto menor for o teor de carbono, menos se tem o perigo de ocorrer a sensitização. No entanto, os aços inoxidáveis ferríticos são mais propensos a esse fenômeno que os austeníticos. A sensitização pode ser eliminada pelo recozimento do aço na faixa de 650 a 850°C para permitir que os átomos de cromo se difundam e saiam dos contornos de grão. Além disso o titânio e o

Tabela 13 — Composição química dos aços inoxidáveis ferríticos (em %)

AISI-ABNT	C máx	Mn máx	Si máx	P máx	S máx	Cr	Ni	Outros elementos
405	0,08	1,00	1,00	0,040	0,030	11,5-14,5	—	Al - 0,10-0,30
406	0,15	1,00	1,00	0,040	0,030	12,0-14,0	—	Al - 3,50-4,50
409	0,08	1,00	1,00	0,040	0,045	10,5-11,7	0,50 máx	Ti - 6 x C ou 0,75 máx
429	0,12	1,00	1,00	0,040	0,030	14,0-16,0	—	—
430	0,12	1,00	1,00	0,040	0,030	16,0-18,0	—	—
430F	0,12	1,25	1,00	0,060	0,15mín	16,0-18,0	—	Mo - 0,60 máx
430FSe	0,12	1,25	1,00	0,060	0,060	16,0-18,0	—	Se - 0,15 mín
434	0,12	1,00	1,00	0,040	0,030	16,0-18,0	—	Mo - 0,75-1,25
436	0,12	1,00	1,00	0,040	0,030	16,0-18,0	—	Mo - 0,75-1,25; Nb + Ta, 5 x C - 0,70
439	0,07	1,00	1,00	0,040	0,030	17,0-19,0	0,50	Ti - 0,20 + 4(C+N) mín., 1,10 máx Al - 0,15 mín.; N - 0,04 máx
439L	0,014	1,00	1,00	0,040	0,030	17,0-19,0	0,50	Ti - 0,20 + 4(C+N) mín., 1,10 máx Al - 0,15 máx N - 0,04 máx
442	0,20	1,00	1,00	0,040	0,035	18,0-23,0	—	—
443	0,20	1,00	1,00	0,040	0,035	18,0-23,0	—	Cu - 0,90-1,25
446	0,20	1,50	1,00	0,040	0,030	23,0-27,0	—	N - 0,25 máx

nióbio evitam a senitização por formar carbonetos, impedindo a formação de carboneto de cromo. Daí o fato de esses elementos aumentarem a tenacidade como foi dito, pois a sensitização diminui fortemente a temperatura de transição dúctil-frágil do aço.

Aços inoxidáveis martensíticos — São os que formam martensita durante o resfriamento rápido da austenita. Pela Fig. 7, verifica-se que apenas 12% Cr pode-se ter austenita em ligas Fe-Cr. Entretanto, o carbono (até 0,6%) faz com que o campo da austenita seja ampliado para até 18% Cr, teor muito usado para se obter boa resistência à corrosão e à oxidação. Existem aços inoxidáveis martensíticos com teores de cromo desde 4%, porém a resistência à corrosão desses aços é mais baixa. Além do carbono, o nitrogênio também é usado para estabilizar a austenita, expandindo o campo de γ.

Os aços inoxidáveis martensíticos são usados em aplicações nas quais o esforço mecânico a que a peça é submetida é alto, pois essas ligas possuem boa resistência mecânica devido à formação de martensita.

Os aços inoxidáveis martensíticos diferem dos ferríticos por terem porcentagem de carbono maior. A Tab. 14 mostra a composição química desses aços.

Esses aços aquecidos para a formação de austenita ou austenita mais carbonetos e depois resfriados rapidamente para formar a martensita. No caso de aços com alto teor de cromo e de carbono, pode-se ter martensita mesmo com resfriamento ao ar.

O teor de cromo confere tanta temperabilidade que esses aços não oferecem problemas na têmpera, mesmo em peças de seções grandes. Para se ter austenita, a relação [%Cr - 17(% C) $\leqslant$ 12,5] deve ser obedecida. No estado temperado, o nitrogênio aumenta bastante a dureza desses aços por solução sólida, podendo ser usado em teores de até 0,3% N.

Esses aços podem sofrer revenimento, porém não em temperaturas entre 440 e 540°C, pois, nesta faixa, ocorre uma brusca redução da tenacidade pelo surgimento do endurecimento secundário, o qual pode ser reduzido se a liga contiver uma pequena quantidade de nióbio. O endurecimento secundário também diminui a resistência da liga à corrosão sob tensão nos aços com cerca de 12% Cr.

Tabela 14 — Composição química dos aços inoxidáveis martensíticos (em %)

AISI-ABNT	2C máx	Mn máx	Si máx	P máx	S máx	Cr	Ni	Outros elementos
403	0,15	1,00	0,50	0,040	0,030	11,5-13,0	—	—
405	0,08	1,00	1,00	0,040	0,030	12,0-14,0	—	Mo - 1,10-0,30
410	0,15	1,00	1,00	0,040	0,030	11,5-13,5	—	—
414	0,15	1,00	1,00	0,040	0,030	11,5-13,5	1,25-2,50	—
416	0,15	1,25	1,00	0,060	0,015 mín	12,0-14,0	—	Zr ou Mo - 0,60 máx
416Se	0,15	1,25	1,00	0,060	0,060	12,0-14,0	—	Se - 0,15 mín
420	0,15 mín	1,00	1,00	0,040	0,030	12,0-14,0	—	—
420F	0,15 mín	1,25	1,00	0,060	0,015 mín	12,0-14,0	—	Mo - 0,60 máx
420FSe	0,30-0,40	1,25	1,00	0,060	0,060	12,0-14,0	—	Se - 0,15 mín
422	0,20-0,25	1,00	0,75	0,025	0,025	11,0-13,0	0,50-1,00	Mo - 0,75-1,25; V - 0,15-0,30; W - 0,75-1,25
431	0,20	1,00	1,00	0,040	0,030	15,0-17,0	1,25-2,50	—
440A	0,60-0,75	1,00	1,00	0,040	0,030	16,0-18,0	—	Mo - 0,75 máx
440B	0,75-0,95	1,00	1,00	0,040	0,030	16,0-18,0	—	Mo - 0,75 máx
440C	0,95-1,20	1,00	1,00	0,040	0,030	16,0-18,0	—	Mo - 0,75 máx
440F	0,95-1,20	1,25	1,00	0,060	0,015 mín	16,0-18,0	—	Zr ou Mo - 0,75 máx
440FSe	0,95-1,20	1,25	1,00	0,060	0,060	16,0-18,0	—	Se - 0,15 mín
501	0,10 mín	1,00	1,00	0,040	0,030	4,00-6,00	—	Mo - 0,40-0,65
502	0,10	1,00	1,00	0,040	0,030	4,00-6,00	—	Mo - 0,40-0,65

Quando se deseja boa resistência à corrosão aliada à elevada resistência mecânica, um aço inoxidável martensítico com 12% a 14% Cr e 0,3% a 0,4% C pode ser usado, como para aplicações em cutelaria. A resistência à corrosão desses aços é melhor em meios não-atmosféricos, tais como: álcool, amônia, nitrato e fosfato de amônia, óleos, lubrificantes, éter, sulfato de cobre, nitrato e nitrito de sódio.

Nesses aços martensíticos, a passivação causada pelo filme de óxido de cromo na superfície do metal só é obtida completamente com teores de cromo maiores ou igual a 12%. Em condições alcalinas e de cloretos, os aços martensíticos podem perder a passivação.

De preferência, os aços inoxidáveis martensíticos não devem ser revenidos, quando a resistência à corrosão e à tenacidade são muito importantes, pois no revenimento surgem os carbonetos que se precipitam em contornos de grão, diminuindo a resistência à corrosão e à tenacidade. Deve-se fazer somente um alívio de tensões a 370°C para aumentar um pouco a ductilidade e a tenacidade. Acima dessa temperatura, a formação de carboneto de cromo faz empobrecer a matriz de cromo acarretando também a menor resistência à corrosão. Um revenimento completo só é usado quando a resistência à corrosão puder ser menor em certas aplicações menos severas.

O silício e o alumínio aumentam ainda mais a resistência desses aços de alto cromo à oxidação a altas temperaturas. O silício em excesso, porém, reduz a resistência ao ácido nítrico. O alumunio evita o endurecimento ao ar e aumenta a resistividade elétrica ds aços martesiníticos.

Aços inoxidáveis austeníticos — Nesses aços a temperatura de início de formação da martensita (M_S) é muito baixa, devido ao alto teor de níquel, além de ser uma transformação muito vagarosa. Assim, a fase martensítica não se forma, ficando a liga como estrutura austenítica. A presença de carbono e nitrogênio ainda intensifica a austenitização por serem elementos estabilizadores da austenita. Esta fase permanece mesmo a temperaturas mais altas. Somente a deformação plática ou resfriamentos bem abaixo de 0°C podem fazer essas ligas se tornarem martensíticas, o que, às vezes, é necessário para aumentar a dureza do material.

A transformação da austenita em martensita acontece por meio de deformação plástica a uma temperatura entre M_s (início da formação da martensita) e M_d (temperatura máxima de transformação induzida por deformação). A martensita formada nesses aços tem geralmente estrutura hexagonal compacta, quando o teor de carbono for alto. Pode ocorrer também a formação de martensita em forma de ripas (*lath martensite*), quando o teor de níquel for alto. Essas formas de martensita aumentam a ductilidade do aço inoxidável.

As pesquisas feitas em aços austeníticos visam sempre a distribuição e tamanho de grão para se aliar resistência mecânica à resistência à corrosão. A transformação austeníta em martensita (parcial ou não) ajuda na combinação dessas propriedades. Obtêm-se, então, os chamados aços austeno-martensíticos. Esta transformação pode ser feita termomecanicamente: 1.º) pelo tratamento a uma temperatura entre 750 a 950°C durante um tempo curto para provocar uma precipitação intergranular de carboneto de cromo, ocorrendo um empobrecimento de cromo e carbono da matriz austenítica e deslocando a temperatura M_s para uma temperatura mais elevada. Assim, com o resfriamento, pode ocorrer a transformação martensítica parcialmente. Este tratamento não deve ser por tempo excessivo para não haver um empobrecimento muito grande de cromo, pois, caso contrário, a martensita formada não teria boas propriedades e não ficaria suscetível ao terceiro tratamento abaixo indicado, além de deixar a liga menos inoxidável. 2.º) Pelo tratamento mecânico a frio para completar a transformação da austenita em martensita abaixo da temperatura M_s. 3.º) Pela precipitação intercristalina por meio de um tratamento isotérmico de endurecimento secundário. Com isso, obtém-se um aço que alia, por exemplo, boas propriedades contra a corrosão e boa resistência mecânica com tenacidade suficiente, mesmo em temperaturas subzero.

Nestes aços, a formação da fase σ é ainda mais lenta, de modo que isto não constitui problema. A adição de níquel até 6% numa liga Fe-Cr com 18% Cr causa uma mudança gradual na estrutura ferrítica, tornando-a austenítica. A austenita que existe nas ligas Fe-18% Cr-6 a 8% Ni é metaestável, pois, de acordo com o diagrama de equilíbrio ternário Fe-Cr-Ni, a fase estável seria ferrita (Fig. 9). Entretanto, a fase ferrita não aparece porque o resfriamento de alta temperatura deveria ser ex-

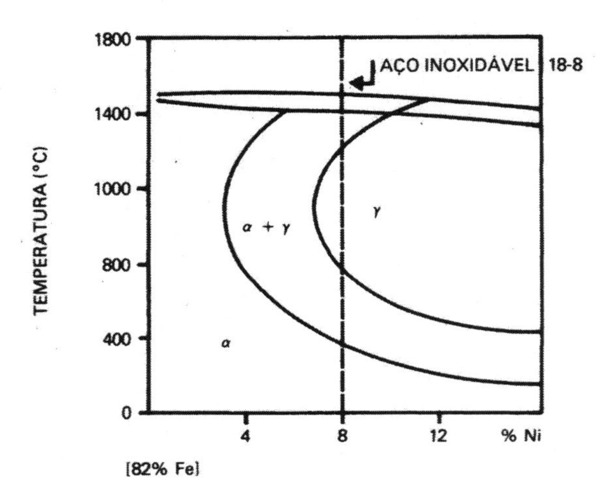

Figura 9 - Seção vertical a 18% Cr através de uma parte do diagrama de equilíbrio Cr-Ni.

tremamente lento para isso acontecer, de modo que, na prática, a fase metaestável austenita prevalece e permanece indefinidamente. Quanto maior for o teor de níquel, mais a liga se tornará encruável e menos suscetível à decomposição da austenita.

Para o endurecimento dos aços inoxidáveis austeníticos, o aumento do teor de carbono seria efetivo, pois o carbono é um elemento intersticial; esse aumento, porém, pode causar efeitos prejudiciais pela formação de carboneto de cromo, eliminando o teor de cromo da liga e deixando o aço menos inoxidável. Assim, adiciona-se nitrogênio, também intersticial, para esse tipo de endurecimento. O manganês também é usado, embora seja um elemento substitucional, para garantir uma boa solubilidade do nitrogênio no aço além de ser estabilizante da austenita. Outros elementos têm menor efeito no endurecimento, como silício, vanádio, tungstênio, nióbio, titânio ou alumínio. O molibdênio, como aumenta a resistência do aço mesmo a quente, é usado para peças que trabalham em altas temperaturas. Exemplificando, para se aumentar a resistência dos aços 304 e 316 (Tab. 15), pode-se aumentar os teores de cromo (para 21,5%), níquel (para 12%), manganês (para 5%) e nitrogênio (para 0,25%) e adicionar 0,2% Nb e 0,2% V, ficando o molibdênio em teores iguais aos dos aços 304 e 316. Obtêm-se, assim, um aço que tem boa combinação de resistência, ductilidade e resistência à corrosão intergranular, mesmo após soldagem. O aumento da resistência se dá pela precipitação de carbonetos complexos nos contornos de grão da austenita após o envelhecimento (*ver aços endurecidos por precipitação* mais adiante em *Aços Inoxidáveis Especiais*).

Os aços estabilizados por titânio ou nióbio exigem um teor mínimo de níquel de 9% para compensar a perda de austenibilidade, devido à remoção de carbono e nitrogênio da solução e ao efeito ferritizante do titânio e do nióbio em solução sólida. O titânio, o nióbio e o vanádio evitam a fragilização e a corrosão intergranular desses aços. O silício aumenta a resistência ao descascamento.

Os aços austeníticos não são resistentes à corrosão por cloretos.

Os aços inoxidáveis austeníticos estão listados na Tab. 15. Eles contêm de 16% a 25% Cr mais níquel, manganês ou nitrogênio, suficientes para torná-los austeníticos à temperatura ambiente. Como foi mencionado, esses aços são tenazes a baixas temperaturas, soldáveis, possuem limite de escoamento baixo e podem ser endurecidos por trabalho mecânico a frio ou por solução sólida. São caros e suscetíveis à corrosão sob tensão.

Quando esses aços são trabalhados a quente, a adição de elementos de liga do grupo dos terras-raras em teores bem pequenos dá ao material melhor conformabilidade. Também o nióbio atua no mesmo sentido devido à precipitação de carbonetos e nitretos de nióbio fora dos contornos de grão.

Os aços inoxidáveis austeníticos são sujeitos à corrosão intercristalina a temperaturas entre 430 e 870°C, a menos que a estrutura seja "estabilizada" para evitar a presença de carbonetos (Cr_4C) nos contornos de grão ou próximo deles. Esses carbonetos podem crescer removendo carbono das regiões vizinhas e, portanto, evitam a precipitação de carboneto nessas outras regiões, quando a liga é mantida muito tempo naquele intervalo de temperaturas. Além disso, o cromo se difunde dessas regiões para os contornos de grão, tendendo a igualar a concentração e a restaurar a quantidade necessária para a resistência à

Tabela 15 — Composição química dos aços inoxidáveis austeníticos (em %)

AISI-ABNT	2C máx	Mn máx	Si máx	P máx	S máx	Cr	Ni	Outros elementos
201	0.15	5,5-7,5	1,00	0,060	0,030	16,0-18,0	3,50-5,50	N - 0,25 máx
202	0.15	7,5-10,0	1,00	0,060	0,030	17,0-19,0	4,00-6,00	N - 0,25 máx
205	0,12-0,25	14,0-15,5	1,00	0,060	0,030	16,5-18,0	1,00-1,75	N - 0,32-0,40
301	0,15	2,00	1,00	0,045	0,030	16,0-18,0	6,00-8,00	—
302	0,15	2,00	1,00	0,045	0,030	17,0-19,0	8,00-10,0	—
302B	0.15	2,00	2,00-3,00	0,045	0,030	17,0-19,0	8,00-10,0	—
303	0,15	2,00	1,00	0,20	0,015 mín.	17,0-19,0	8,00-10,0	Zr ou Mo - 0,60 máx
303Se	0,15	2,00	1,00	0,20	0,060	17,0-19,0	8,00-10,0	Se - 0,15 máx
304	0.08	2,00	1,00	0,045	0,030	18,0-20,0	8,00-10,5	—
304L	0,03	2,00	1,00	0,045	0,030	18,0-20,0	8,00-12,0	—
304N	0.08	2,00	1,00	0,045	0,030	18,0-20,0	8,00-10,5	N - 0,10-0,16
305	0,12	2,00	1,00	0,045	0,030	17,0-19,0	10,5-13,0	—
308	0,08	2,00	1,00	0,045	0,030	19,0-21,0	10,0-12,0	—
309	0,20	2,00	1,00	0,045	0,030	22,0-24,0	12,0-15,0	—
309S	0,08	2,00	1,00	0,045	0,030	22,0-24,0	19,0-22,0	—

AISI-ABNT	2C máx.	Mn máx.	Si máx.	P máx.	S máx	Cr	Ni	Outros elementos
310	0.25	2.00	1.50	0,045	0,030	24,0-26,0	19,0-22,0	—
310S	0.08	2.00	1.50	0,045	0.030	24,0-26,0	19,0-22,0	—
314	0.25	2.00	1.50-3.00	0,045	0,030	23,0-26,0	23,0-26,0	—
316	0.08	2.00	1.00	0,045	0,030	16,0-18,0	10,0-14,0	Mo - 2,00-3,00
316L	0.03	2.00	1.00	0.045	0,030	16,0-18,0	10,0-14,0	Mo - 2,00-3,00
316F	0.08	2,00	1.00	0,020	0,10 mín	16,0-18,0	10,0-14,0	Mo - 1,75-2,50
316N	0.08	2.00	1,00	0,045	0.030	16,0-18,0	10,0-14,0	Mo - 2,00-3,00; N - 0,10-0,16
317	0.08	2.00	1,00	0.045	0,030	18,0-20,0	11,0-15,0	Mo - 3,00-4,00
317L	0.03	2,00	1.00	0,045	0,030	18,0-20,0	11,0-15,0	Mo - 3,00-4,00
321	0.08	2.00	1.00	0.045	0,030	17,0-19,0	9,00-12,0	Ti - 5 x C mín
329	0.10	2,00	1.00	0,040	0,030	25,0-30,0	3,00-6,00	Mo - 1,00-2,00
330	0.15	2,00	1.50	0,045	0,040	14,0-17,0	33,0-38,0	—
347	0,08	2,00	1,00	0,045	0,030	17,0-19,0	9,00-13,0	Nb + Ta - 10 x C mín
348	0,08	2,00	1,00	0,045	0,030	17,0-19,0	9,00-13,0	Nb + Ta - 10 x C mín
384	0,08	2,00	1,00	0,045	0,030	15,0-17,0	17,0-19,0	—
385	0,08	2,00	1,00	0,045	0,030	11,5-13,5	14,0-16,0	—

corrosão. Esta corrosão intercristalina pode ser evitada por meio dos seguintes métodos: 1º) redução do teor de carbono para 0,02%; 2º) evitar o uso do aço naquele intervalo de temperaturas; 3º) dispersão dos carbonetos através dos grãos por meio de trabalho a frio, que faz a precipitação ocorrer em outros locais; e 4º) adição de elementos formadores de carbonetos, que substituirão o cromo, deixando-o somente para conferir resistência à corrosão, como titânio e nióbio, em quantidades no mínimo iguais a cinco vezes o teor de carbono no caso do titânio ou 10 vezes no caso do nióbio. Este é o processo de "estabilização". Os carbonetos de titânio e nióbio se precipitam dentro dos grãos, em vez de nos contornos de grão, de uma maneira contínua. Além disso, o NbC aumenta a resistência mecânica no aço à temperatura ambiente. No caso do carboneto de titânio, ele favorece o aumento da resistência à fluência para serviço em alta temperatura. Em aços estabilizados com titânio e contendo molibdênio, a presença de carbonetos desses elementos em contornos de grão dá ao material melhor ductilidade. Esses carbonetos dificultam o escorregamento dos contornos de grão, evitando a formação de microtrincas.

Os aços inoxidáveis ao Cr-Ni e ao Cr-Ni-Mo não estabilizados possuem a vantagem de possuírem melhor deformabilidade e soldabilidade, e maior resistência à corrosão do que os estabilizados com titânio ou nióbio, porém com menor resistência mecânica. Nos aços não estabilizados, o nitrogênio aumenta a resistência mecânica e a tenacidade, quando o teor de carbono for no máximo de 0,03%, além de aumentar a resistência à corrosão ao ácido nítrico.

Nos aços austeníticos, o níquel também acarreta estabilidade química, especialmente em ácidos; o molibdênio dá maior resistência à corrosão em soluções clorídricas; e o cobre ajuda o molibdênio no aumento da resistência à corrosão de ácidos sulfúrico e fosfórico. Para meios moderadamente corrosivos, utiliza-se um teor de molibdênio entre 2,0% e 2,5% e, para meios altamente corrosivos, o molibdênio deve ficar entre 2,5% e 3,0%. Teores maiores de molibdênio podem ser usados para altas exigências químicas, principalmente contra a corrosão de cloretos, ácido clorídrico e hipocloritos.

Considerações válidas para os aços inoxidáveis em geral — O teor de carbono nos aços inoxidáveis deve ser baixo, pois um excesso deste elemento pode ocasionar a formação do composto $Cr_{23}C_6$ nos contornos de grão da austenita, retirando cromo do aço. Isto acarreta perda de resistência à corrosão, como já foi dito. A precipitação deste carboneto de cromo se dá durante o resfriamento. Portanto, o teor do carbono deve ser de até 0,03%, admitindo-se um teor maior quando houver necessidade de se aumentar a resistência mecânica e estabilizar a austenita nos aços inoxidáveis austeníticos.

A presença de nitrogênio não é danosa, como foi dito, e ele pode mesmo ser usado para se poder ter menor teor de níquel, por motivos econômicos, nos aços austeníticos, a fim de aumentar o limite de escoamento desses aços por solução sólida.

O molibdênio, como estabilizador da ferrita, pode, por sua vez, ser usado para economizar cromo nos aços ferríticos. Ele pode estar presente nos aços austeníticos de 2% a 4% para melhorar a resistência à corrosão a sulfatos, sulfitos, ácido acético, acetatos e água do mar, além de possibilitar que a liga sofra envelhecimento para aumentar a resistência mecânica e dureza ou provoque endurecimento secundário dos aços martensíticos e ferríticos trabalhados mecanicamente. O molibdênio melhora ainda a resistência dos aços inoxidáveis em geral aos ácidos sulfúrico, sulfuroso e orgânicos, aos sais de halogênios e sais existentes na água do mar. O molibdênio faz o filme de proteção ficar mais resistente, porém ele diminui a resistência a ambientes fortemente oxidantes, principalmente quando o teor de molibdênio for maior que 3%. Em particular nos aços austeníticos, o molibdênio melhora a resistência ao *pitting*. Em geral, ele melhora também a resistência mecânica dos aços inoxidáveis.

A presença de manganês nos aços inoxidáveis austeníticos ajuda a estabilizar a austenita, evitando que ela se transforme em martensita durante algum trabalho a frio, podendo estar presente em teores de até 2%. O mesmo efeito produzem o carbono e o nitrogênio.

O vanádio contribui para o endurecimento secundário nos aços inoxidáveis martensíticos, sendo usado em teores de 0,3% a 0,5%.

Em certos aços martensíticos, pode-se ter manganês ou níquel em até 2% para tornar esses aços mais austenitizáveis, quando os teores de molibdênio e vanádio são mais altos, para o aquecimento para a têmpera.

O manganês melhora a capacidade dos aços de alto cromo para serem trabalhados a quente, sem reduzir a resistência à corrosão. Nos aços austeníticos, o manganês pode substituir o níquel, pelo menos em parte. Quanto mais se substitui níquel por manganês, mais se têm ligas adequadas para estampagem profunda, trabalho a quente, para serem soldadas e usinadas, porém menos resistentes tanto mecânica quanto quimicamente.

O silício age como o molibdênio e é usado nos aços inoxidáveis austeníticos para aumentar a resistência ao descascamento a altas temperaturas. O teor de silício pode variar de 2% a 3%. Quando se têm aços ferríticos e martensíticos de alto cromo, silício e alumínio aumentam a resistência à oxidação mesmo a temperaturas mais altas.

O boro é usado para melhorar a conformabilidade a quente, principalmente dos aços inoxidáveis austeníticos.

O nióbio é usado também em aços austeníticos para serviços em altas temperaturas. O cobre atua de modo semelhante, porém o nióbio ainda é usado para elevar a resistência à fluência desses aços.

Para aumentar a usinabilidade dos aços inoxidáveis, podem-se admitir teores de enxofre, fósforo, selênio, e telúrio acima de 0,07%. O elemento mais importante é o enxofre, que provoca aumento da usinabilidade pela formação de inclusões de sulfetos, os quais provocam a quebra dos cavacos e possuem ação lubrificante. Além disso, a dureza do material não deve ser nem muito baixa nem muito alta. No primeiro caso, o aço fica difícil de ser usinado, pois se torna "pastoso" e, no segundo, porque precisa utilizar-se de potência excessiva da máquina, o que contribui para o desgaste mais rápido da ferramenta de usinagem. A microestrutura também é importante: a presença de ferrita em matriz martensítica altera as características de quebra do cavaco e o acabamento superficial. Tipo, tamanho e distribuição das inclusões afetam também a usinabilidade. Quando o teor de manganês é baixo, forma-se sulfeto de cromo, muito duro e frágil, tendo efeito nulo sobre a usinabilidade por desgastar a ferramenta. Os sulfetos duplos de manganês e cromo também não contribuem para melhorar a usinabilidade. Com aços de teores de manganês mais altos, forma-se MnS, que é mole e dúctil, sendo o melhor tipo de inclusão para dar maior usinabilidade. Ele reduz a ação abrasiva e a resistência ao cisalhamento, em virtude de sua ação lubrificante. Desta maneira, o enxofre deve estar entre 0,15% e 0,40%. Acima disso, há a diminuição da resistência a corrosão. As porcentagens de manganês devem ficar entre 1,50% e 4,50%. O efeito do selênio e do telúrio é mais notável nos aços inoxidáveis ferríticos e martensíticos. O modo de atuação desses elementos é semelhante ao do enxofre, isto é, pela formação de compostos intermetálicos com o manganês.

3º) AÇOS INOXIDÁVEIS ESPECIAIS

Nos aços inoxidáveis austeníticos, pode-se substituir parcialmente o teor de cromo por alumínio e o de níquel por manganês. Tanto o cromo como o alumínio podem produzir características inoxidáveis e o manganês também age como estabilizador da austenita.

No caso de uma substituição total, ter-se-ia uma liga Fe-Mn-Al-C (cerca de 30% Mn e 8% Al). Esta liga se torna totalmente austenítica por meio de têmpera a mais ou menos 1.000°C com resfriamento brusco, possuindo ótima ductilidade e resistência à oxidação até a temperaturas elevadas (aproximadamente 800°C). Pode-se, ainda, acrescentar cerca de 1,5% Si para aumentar a resistência à oxidação e a resistência mecânica.

Podem-se produzir aços austeníticos com composições quìmicas complexas em relação ao carbono, cromo, níquel, manganês molibdênio, silício e cobre. Pelos efeitos que esses elementos provocam no ferro, podem-se conseguir propriedades bem variadas. Os aços Cr-Mn podem variar de características, conforme o teor de cromo e de carbono, ou seja, com menor teor de cromo e maior de carbono, um aço inoxidável austenítico pode-se aproximar das propriedades de um aço Hadfield (aço-manganês). Assim, consegue-se limite de escoamento e encruamento mais altos; moderadas resistências à corrosão e à abrasão; e menor suscetibilidade à fragilização com composições químicas médias entre um aço inoxidável e um aço-manganês. O carbono e o nitrogênio são os elementos que mais elevam o limite de escoamento desses aços por solução sólida na austenita, sendo o molibdênio e o cromo menos intensos para essa finalidade.

Outra liga importante é um aço contendo manganês, cromo, níquel e silício, que é resistente ao calor, sendo utilizada para serviços até 750°C. Composição química típica: de 0,30% a 0,35% C, de 4% a 9% Mn, 2% Si, de 6% a 9% Ni e de 10% a 12% Cr. Uma liga com 2% a 9% Mn, 3% Cr, de 1% a 5% Cu e 3% Mo possui escruamento, resistência e tenacidade altos, além de moderada resistência à corrosão.

Para peças fundidas, podem-se ter aços inoxidáveis com 18% a 22% Cr e de 8% a 12% Ni, ou de 11% a 14% Cr com baixo carbono e teores baixos também de manganês, silício e níquel ou ainda com maior teor de cromo (de 20% a 30%); todas essas ligas possuem alta resistência à oxidação. Os aços de alto teor de cromo podem ter até 4% Ni e 0,14% N para melhorar a resistência mecânica e a ductilidade. Existem ainda aços fundidos, onde o teor de níquel é superior ao de cromo e que são mais resistentes ao ácido sulfúrico que os aços de alto teor de cromo.

Aços com cerca de 19% Mn, 0,50% C, 0,65% Si e 4,3% Cr são aços inoxidáveis austeníticos que apresentam alta ductilidade e tenacidade, além de elevada capacidade de endurecimento por encruamento e alta resistência ao desgaste, com baixa permeabilidade magnética. Nesses aços, para se elevar a resistência mecânica, utiliza-se um teor de 0,2% a 0,3% N, que atua por meio de endurecimento por solução sólida. Nesses teores, o nitrogênio fica totalmente solubilizado durante a solidificação do metal, evitando o aparecimento de porosidade que este gás traria se estivesse em excesso. O carbono alto e o cromo também contribuem para a elevação da resistência mecânica. Pode-se acrescentar molibdênio para elevar o limite de escoamento, o qual também é possível por meio de refino de grão ou trabalho mecânico.

Os aços inoxidáveis ferrítico-austeníticos contêm grãos de ferrita na austenita. Eles levam vantagem sobre os aços austeníticos por terem limite de escoamento bem mais alto, além de serem bem dúcteis, se os grãos forem bem finos, e com maior resistência à corrosão sob tensão, boa soldabilidade, mas apresentam como desvantagem o fato de serem mais difíceis de ser conformados a quente e de se tornar frágeis, caso ocorra a formação das fases α e α'. O limite de escoamento aumenta com o aumento do teor de ferrita. Nestes aços, pode haver segregação de cromo nos grãos de ferrita e, com o teor de carbono mais alto, pode ocorrer fragilização durante o envelhecimento dessas ligas entre as temperaturas de 300 a 550°C pela formação da fase α' ou entre 550 e 950°C pela formação da fase α , principalmente quando as ligas forem submetidas a trabalho mecânico a frio anteriormente.

O aço austenítico 329 pode ser considerado um aço ferrítico-austenítico. Composições químicas com cerca de 21,5% Cr, 7,5% Ni, 2,5% Mo e 1,5% Cu também se constituem em aços que podem ser classificados dentro desta categoria.

Os aços inoxidáveis endurecidos por precipitação estão listados na Tab. 16. A matriz desses aços pode ser austenítica ou martensítica. No primeiro caso, o teor de níquel deve ser de no mínimo 8% (ou Ni + Mn). Os elementos endurecedores podem ser fósforo, molibdênio, cobre, nióbio ou titânio.

Estas ligas são solubilizadas a cerca de 1.200°C, resfriadas e depois reaquecidas a 700-800°C (aços austeníticos) ou a 400-500°C (aços martensíticos) para o envelhecimento por precipitação.

Os aços com matriz martensíticas são estruturalmete semelhantes aos aços Maraging, com maior resistência à corrosão, porém como menor resistência mecânica. O teor de carbono deve ser baixo (menor que 0,05%) para melhorar a tenacidade; o níquel deve estar entre 4% e 7% para se ter a temperatura M_S entre 125 e 250°C. Ultrapassando-se esses teores, obtém-se mais austenita retida, ficando a liga com melhor conformabilidade e, portanto, mais dúctil. Os elementos cobre, molibdênio, alumínio, titânio, nióbio e nitrogênio são usados para formar precipitados complexos.

c) AÇOS RESISTENTES AO CALOR

O tipo de aço empregado para peças utilizadas em temperaturas elevadas (acima de 350°C) deve ter as seguintes propriedades: a) boa resistência à oxidação ou à corrosão química, conforme o ambiente externo onde a peça vai trabalhar; b) boa resistência à fluência; c) razoável resistência mecânica acompanhada de boa ductilidade; e d) razoável estabilidade estrutural a fim de que não haja nenhuma alteração prejudicial às propriedades mencionadas.

As peças de aço resistente ao calor podem ser fabricadas por trabalho mecânico ou por fundição. Suas aplicações principais são em equipamentos ou peças para alta pressão em usinas

Tabela 16 — Composição química de alguns aços endurecíveis por precipitação típicos (em %)

DESIGNAÇÃO UNS	C	Mn	P	S	Si	Cr	Ni	Outros
S1 3800	0.05	0.10	0.01	0.008	0.10	12.25-13.25	7.50-8.50	Mo: 2,00-2,50 Al:0,90-1,35 N: 0,010
S1 5500	0.07	1.00	0.040	0.030	1.00	14.00-15.50	3.50-5.50	Cu: 2,50-4,50 Nb + Ta: 0,15-0,45
S1 7400	0.07	1.00	0.040	0.030	1.00	15.50-17.50	3.00-5.00	Cu: 3,00-5,00 Nb + Ta: 0,15-0,45
S1 7700	0.09	1.00	0.040	0.040	1.00	16.00-18.00	6.50-7.75	Al: 0,75-1,50
S3 6200	0.05	0.50	0.030	0.030	0.30	14.00-14.50	6.25-7.00	Al: 0,10 Mo: 0,30 Ti: 0,60-0,90
S3 5000	0.05	1.00	0.030	0.030	1.00	14.00-16.00	5.00-7.00	Mo: 0,50-1,00 Cu: 1,25-1,75 Nb: 8.%C

químicas, geradores, e peças para aeronáuticas, como turbinas, motores de propulsão a jato ou para motores de combustão interna, válvulas, fornos metalúrgicos ou de refinaria de óleo, ou ainda de concreto, além de muitas outras aplicações.

Os termos "resistente à corrosão" e "resistente ao calor" são relativos, uma vez que um mesmo aço pode possuir propriedades que atendam às mesmas finalidades.

Os aços trabalhados mecanicamente podem ser de diversas composições químicas: em geral, os aços inoxidáveis e alguns aços-liga são usados por conseguirem as propriedades acima mencionadas. Igualmente, podem ser utilizados aços inoxidáveis austeníticos com um teor maior de níquel, aços endurecidos por precipitação e alguns aços especiais com cromo, níquel e molibdênio. Existem ligas à base de níquel, cobre-cromo-níquel e molibdênio-titânio que não são aços e, portanto, não serão considerados neste livro, pois nessas ligas o ferro está em teores menores.

Os aços-carbono não podem ser usados por perderem resistência mecânica quando expostos a altas temperaturas (acima de 320°C). Os aços-liga comuns não têm resistência à oxidação ou corrosão suficiente para essa finalidade, embora tenham boa resistência mecânica e à fluência (principalmente os aços contendo molibdênio) a temperaturas até 430°C, podendo ser usados quando as condições não sejam muito severas.

Os aços fundidos para resistirem ao calor são ligas à base de ferro-cromo, ferro-cromo-níquel ou ferro-níquel-cromo.

Desta maneira, todas as ligas resistentes ao calor devem conter cromo em quantidades altas e variadas, pois é ele que dá a resistência à oxidação e/ou à corrosão. Os elementos adicionados em pequenas quantidades são o silício e o alumínio, que ajudam o cromo, principalmente na resistência ao descascamento, além de ainda conferir maior resistência mecânica ao aço.

O carbono só é útil para o aumento da resistência mecânica quando a temperatura de utilização da peça não for muito alta. Caso contrário, ele não é efetivo, pois um trabalho a temperaturas mais elevadas age como se fosse um revenimento muito prolongado, ou seja, faz o aço perder a resistência mecânica. Portanto, substitui-se parte do carbono por molibdênio, tungstênio ou nióbio em teores mais altos, ficando então o carbono em teores mais baixos em diversas ligas. Estes três elementos asseguram resistência mecânica pela formação de carbonetos estáveis e por refino de grão. Desta maneira, o aço não perde sua resistência mecânica.

Quando se tem liga ferro-cromo com alto cromo e alto silício, deve-se aumentar também o teor de carbono para garantir a temperabilidade.

Quando a temperatura em que a peça vai ser utilizada for muito alta, deve-se usar os aços austeníticos, aumentando-se assim o teor de níquel e, em certos casos, ainda o do manganês e do nitrogênio para a mesma finaldade, além de se acrescentar pequenas quantidades de molibdênio, tungstênio ou nióbio.

Os aços inoxidáveis ferríticos e austeníticos, em muitos casos, não possuem estabilidade estrutural em certos intervalos de temperaturas, pela formação da fase sigma que dá fragilidade ao material e baixa resistência à corrosão, como já se viu. Para se sanar este problema, podem-se fazer tratamentos térmicos especiais e adicionar titânio ou nióbio, que deixam a liga imune à corrosão e à fragilização.

A Tab. 17 mostra a composição química de vários aços resistentes ao calor. Nesta tabela, não estão relacionados os aços inoxidáveis já citados nas Tabs. 13, 14 e 15, que também podem ser utilizados para serviços a temperaturas elevadas. Além dos aços 7 Cr, 9 Cr e AISI 330 (que não constam da Tab. 15), podem ser usados para serviços a temperaturas elevadas os seguintes aços inoxidáveis AISI 403, 410, 430, 442, 446 e 501 (aços martensíticos e ferríticos), e 302, 304, 309, 310, 316, 321 e 347 (aços austeníticos). Diversos aços-ferramenta (*Cap. 6*) também são usados para serviços a altas temperaturas e serão considerados no próximo capítulo.

Os aços trabalhados para combustão interna, principalmente para válvulas, são materiais importantes e de grande utilização. As ligas de 1 a 8 são aços endurecíveis para uso em veículos movidos por combustão interna. As ligas de 9 a 11 são aços não-endurecíveis austeníticos, mais resistentes que os aços endurecíveis. A liga 12 não é endurecível por têmpera, porém é endurecível por meio de recozimento durante um longo tempo, o que provoca o aparecimento da fase sigma. A perda da ductilidade é compensada pela alta resistência ao ataque de atmosfera e de líquidos contendo chumbo.

A seguir, vêm os aços fundidos: o tipo HA contém molibdênio para aumentar a resistência mecânica, sendo um aço fer-

Tabela 17 — Composição química de alguns aços resistentes ao calor (em %)

TIPO	C máx	M_n máx	Si máx	P máx	S máx	Cr	Ni	Mo	Outros
Aços trabalhados em geral									
7 Cr	0,15	0,60	1,00	0,030	0,030	6,00- 8,00	—	0,45-0,65	—
9 Cr	0,15	0,60	1,00	0,030	0,030	8,00-10,00	—	0,90-1,10	—
AISI 330	0,25	2,00	1,00	0,040	0,030	14,00-16,00	33,00-36,00	—	—
Aços trabalhados para combustão interna									
1	0,40	—	4,00	—	—	2,90	—	—	—
2	0,60	—	—	—	—	3,50	—	—	1,40 W
3	0,50	—	1,50	—	—	8,00	—	7,50	—
4	0,45	—	3,25	—	—	8,5	—	—	—
5	0,50	—	0,20	—	—	11,00	1,5	—	1,80 Al
6	1,10	—	0,50	—	—	13,00	—	—	—
7	1,35	—	0,65	—	—	13,3	—	0,70	2,50 Nb
8	1,05	—	1,90	—	—	13,50	0,9	0,6	3,50 W
9	0,55	5,0	0,50	—	—	3,50	12,0	—	—
10	0,45	—	0,55	—	—	14,00	14,00	0,35	2,40 W
11	0,45	—	0,55	—	—	14,00	—	2,50	—
12	0,45	—	0,45	—	—	23,8	4,80	2,75	—
Obs.: Ligas 1 a 8 e 10 a 12: teores de Mn não especificado. Teores de P e S não especificados em todas as ligas.									
Aços fundidos									
HA	0,20	0,65	1,00	0,040	0,040	8,00-10,00	—	0,90-1,20	—
HC	0,50	1,00	2,00	0,040	0,040	26,00-30,00	4,0 máx	0,5 máx	—
HD	0,50	1,50	2,00	0,040	0,040	26,00-30,00	4,00- 7,00	0,5 máx	—
HF	0,20-0,40	2,00	2,00	0,040	0,040	19,00-23,00	9,00-12,00	0,5 máx	—
HH	0,20-0,50	2,00	2,00	0,040	0,040	24,00-28,00	11,00-14,00	0,5 máx	—
HI	0,20-0,50	2,00	2,00	0,040	0,040	26,00-30,00	14,00-18,00	0,5 máx	—
HK	0,20-0,60	2,00	2,00	0,040	0,040	24,00-28,00	18,00-22,00	0,5 máx	—
HL	0,20-0,60	2,00	2,00	0,040	0,040	28,00-32,00	18,00-22,00	0,5 máx	—

rítico com carbonetos distribuídos em áreas perlíticas ou aglomerados, conforme o tratamento térmico usado. Os tipos HC e HD possuem excelente resistência à oxidação e ao ataque em atmosferas de alto enxofre, não tendo grande resistência mecânica. É um aço ferrítico e, portanto, não-endurecível. O níquel e o nitrogênio contribuem para aumentar a resistência à fluência, que é baixa, quando o teor de níquel é menor que 2%. O tipo HF é semelhante ao aço inoxidável 18-8 (18% Cr e 8% Ni) e pode conter molibdênio, tungstênio e titânio, para dar maior resistência mecânica a altas temperaturas. É uma liga austenítica endurecível por precipitação de carbonetos finamente dispersos. O tipo HH possui alta resistência mecânica e alta resistência à oxidação a temperaturas de até 1.090°C, quando está com estrutura austenítica, obtida por meio de um balanceamento correto de sua composição química: 0,45% C, 26% Cr e 11% Ni ou 0,30% C, 26% Cr e 12,5% Ni. Caso contrário, poderá haver a formação excessiva de ferrita, que pode decompor-se em fase sigma prejudicial. Variações nessas composições químicas devem ser feitas, conforme a temperatura de trabalho da peça. O tipo HI é semelhante ao tipo HH, sendo austenítico, porém, com teor de níquel mais alto para dar boa resistência mecânica a temperaturas elevadas. O tipo HK é semelhante aos dois aços anteriores, também austeníticos, tendo, entretanto, menor resistência à oxidação por gases. No entanto, é bem resistente à ação de atmosferas sulfurosas. Finalmente, o tipo HL, como a liga HK, é resistente a atmosferas de gases quentes sulfurosos.

Existem outros tipos de liga fundidas resistentes a altas temperaturas, cuja designação também tem a primeira letra H, porém com teor de ferro menor que 50%, não considerados aqui por não poderem ser classificados como aço verdadeiramente.

6 AÇOS ESPECIAIS

Neste capítulo, serão considerados os aços de alta liga especiais. Primeiramente, serão discutidos os aços para finalidades eletromagnéticas, depois os aços-ferramenta.

a) AÇOS PARA FINALIDADES ELETROMAGNÉTICAS

1º) AÇOS AO SILÍCIO

São fabricados em forma de chapa fina de baixo carbono, contendo teores variáveis de silício (de 0,8% a 4,5%). São caracterizados pela perda de núcleo, que é a quantidade de energia elétrica dissipada como calor, quando o aço é magnetizado por meio de uma corrente alternada (*ensaio Epstein, ver método de ensaio A 343 da ASTM*).

Esses aços são utilizados na maioria das vezes sob a forma de chapas finas para reduzir as correntes de indução. Na teoria, o ferro puro seria o material ferromagnético ideal, porém o ferro possui baixa resistividade e não pode ser utilizado puro, principalmente em circuitos de corrente alternada.

Os aços para solicitações elétricas e magnéticas (por exemplo, materiais para transformadores e geradores) devem ter menos de 0,08% C e manganês entre 0,10% e 0,75% (teores normais), com fósforo um pouco mais alto para melhorar as propriedades mecânicas de resistência, no caso de utilização de chapas finas, podendo ficar em teores de até 0,10%.

A função do silício em teores altos é a de aumentar a resistividade elétrica do ferro, diminuindo, assim, as perdas por corrente de indução, que são correntes parasitas, em magnetização por corrente alternada. Não se pode aumentar ainda mais a porcentagem de silício, porque pode ocorrer perda de conformabilidade mecânica a frio pelo aumento da fragilidade, que teores de silício em maior quantidade ocasionam. Pode-se, ainda, substituir uma parte do silício por alumínio com a mesma finalidade (até 0,50% Al).

O silício e o alumínio são elementos substitucionais no ferro; além de aumentarem a resistividade do ferro, eliminam suas transformações alotrópicas estabilizando a ferrita, de modo que a liga pode ser recozida a alta temperatura sem que ocorra recristalização durante o resfriamento (a fase austenita se forma muito lentamente e, portanto, é evitada), obtendo-se ainda grãos grandes que se constituem na melhor estrutura para esse tipo de material. O silício e o alumínio, como elementos substitucionais, não alteram as propriedades eletromagnéticas do ferro.

O teor de enxofre deve ser menor que 0,025% e o de oxigênio, quase nulo para não haver a formação de óxido de silício (e de alumínio, quando houver alumínio), que é prejudicial às propriedades magnéticas, principalmente o óxido de alumínio.

Nas ligas de alto silício, o processo de fabricação de chapas finas é feito primeiramente por trabalho mecânico a quente (temperatura entre 1.310 e 1.370°C). Nessas temperaturas, a fase austenita é restrita pelo poder ferritizante do silício. A presença de carbono alarga o campo da austenita. O trabalho mecânico deve ser conduzido no campo ferrítico para que se tenham melhores propriedades da chapa: a presença de austenita durante o trabalho mecânico prejudica a textura e as propriedades magnéticas.

A presença de AlN, MnS, BN, TiC, Si_3N_4, VN e até mesmo SiO_2 é útil. Estes compostos se dissolvem durante o aquecimento até as altas temperaturas acima mencionadas e durante a segunda etapa do processo (redução mecânica a frio), para ajuste da espessura da chapa, eles precipitam nos contornos de grão, levando o material a ter uma textura ideal para se obterem melhores propriedades magnéticas.

Após o tratamento mecânico a frio, faz-se um recozimento a cerca de 1.150°C. Consegue-se o campo austenítico para a primeira fase (trabalho mecânico a quente), com a limitação do teor de carbono. O carbono, em teores altos, provoca também perda por histerese magnética e alta permeabilidade magnética. O recozimento da terceira fase melhora ainda mais a textura e as propriedades magnéticas, pela remoção de carbono, nitrogênio, enxofre e boro, devido à quebra dos compostos acima citados. Esses elementos em solução ocupam espaços intersticiais na estrutura cristalina e só são utilizados para favorecer a textura do material, pois, se ficarem em solução, prejudicariam as propriedades eletromagnéticas devido ao envelhecimento posterior.

As ligas com teor de silício mais baixo podem ser fabricadas por trabalho mecânico a frio. Recentemente, foi verificado que os aços ao silício com até 3,4% Si podem conter uma pequena quantidade de molibdênio para se obter menor perda de núcleo, assim como se obter uma alta indução magnética com um melhor acabamento superficial da chapa.

2º) AÇOS PARA ÍMÃS PERMANENTES

São aços tratados termicamente por têmpera com composição química contendo carbono entre 0,60% e 1,0% e teores variáveis de manganês, cromo, tungstênio, cobalto e molibdênio, não sendo obrigatória a presença de todos esses elementos, com exceção do manganês, que está sempre presente.

O ferro e o cobalto são os elementos que conferem as características magnéticas. O carbono contribui para a dureza necessária e o manganês, cromo, tungstênio e molibdênio são adicionados para aumentar a temperabilidade, principalmente o cromo. Dessa maneira, estas ligas podem ser temperadas em óleo ou mesmo ao ar, de uma temperatura entre 790° e 950°C. Só são temperadas em água, as ligas contendo somente carbono e manganês ou carbono, manganês, cromo e tungstênio em teores mais baixos de cromo (0,20%).

Os teores de silício, fósforo, enxofre, nitrogênio e alumínio devem ser bem baixos para não prejudicar a temperabilidade e a resistividade. O silício e o alumínio aumentam a resistividade elétrica do ferro mais que qualquer outro elemento de liga substitucional, além de serem elementos ferritizantes, dificultando a austenização para a têmpera. Para não haver descarbonetação, prejudicial às propriedades magnéticas, o tempo de permanência na temperatura para a têmpera deve ser o mínimo possível para que haja a dissolução dos carbonetos.

Os ímãs são geralmente fabricados por laminação ou forjamento a quente, porém as ligas que contêm cobalto podem ser também fundidas. A Tab. 18 apresenta a composição química de alguns aços para ímãs permanentes.

Tabela 18 — Composição química de aços para ímãs permanentes (em %)

Aço	C	Mn	Cr	W	Co	Mo
1	0,60	0,80	—	—	—	—
2	0,60	0,40	0,90	—	—	—
3	0,90	0,35	2,25	—	—	—
4	0,95	0,20-0,60	3,00-4,00	—	—	—
5	1,00	0,35	6,00	—	—	—
6	1,00	0,35	4,00	—	—	0,35
7	0,70	0,30	0,20	5,50	—	—
8	0,70	0,50	0,50	6,00	—	—
9	0,90	0,35	4,75	1,25	8,50	—
10	0,90	0,30-0,85	2,50-5,75	5,75-7,00	35,00-41,00	—
11	0,95	0,30	9,00	—	16,00	1,30
12	0,85	0,50	2,00-5,00	8,75	17,00	—

Obs.: 0,30% Si máx.; 0,03% P e S máx.; 0,50% Ni máx.

b) AÇOS-FERRAMENTA

Entende-se por aço-ferramenta o material utilizado para a usinagem de outros metais ou não-metais duros, por meio de corte, cisalhamento, desbaste etc. Suas principais características são: alta dureza; resistência ao desgaste; resistência ao impacto ou choque; resistência ao choque térmico; indeformabilidade; e resistência à perda de dureza durante o trabalho a quente do material.

A composição química desses aços é muito variada: existem aços-ferramentas sem elementos de liga, contendo apenas alto teor de carbono (de 0,60% a 1,40%); há outros com adições pequenas de elementos de liga (cromo, molibdênio, níquel, vanádio, alumínio, tungstênio, silício e manganês), neste caso, podendo ter porcentagem de carbono menor (de 0,07% a 1,45%); e existem ainda outros com altos teores de elementos de liga (cromo, cobalto, tungstênio e vanádio). Cada composição química é escolhida conforme a sua aplicação.

As peças são fabricadas por meio de forjamento a quente, seguido de tratamentos térmicos comuns aos dos aços de alta resistência (normalização, recozimento, alívio de tensões, têmpera e revenimento). O forjamento melhora as propriedades mecânicas, refina o grão e reduz o volume de usinagem necessária para a forma do produto final. A temperatura e a atmosfera usadas no forjamento devem ser adequadas para se evitar a descarbonetação durante a operação, que é importante ser evitada nos casos de aços-ferramenta. O resfriamento após o forjamento deve ser lento para não provocar trincas devido às tensões internas produzidas durante a operação. Os tratamentos de normalização, recozimento ou alívio de tensões são utilizados para permitir a usinagem das peças, sendo a estrutura final dos aços-ferramenta obtida pelo tratamento final de têmpera e revenimento.

O trabalho mecânico a quente tem vantagens sobre o trabalho a frio, no que diz respeito à anisotropia das propriedades mecânicas (diferença de valores das propriedades mecânicas, conforme a direção da peça em que se ensaia o corpo de prova), principalmente o alongamento, a estricção e a resistência ao impacto. Muitas vezes, a causa da anisotropia são inclusões de sulfetos, que se alongam durante o processo de conformação do metal. Nos aços-ferramenta, esse problema é particularmente importante, pois as ferramentas de forjaria e de fundição sob pressão sempre são complexas e não se podem prever os locais mais solicitados durante a utilização da ferramenta. Este é um dos inúmeros problemas que se apresentam nesse aspecto. Para a eliminação dos sulfetos em aços-ferramenta, utiliza-se cálcio, ficando o teor final de enxofre bem baixo, em torno de 0,003%.

Para se endurecer um aço-ferramenta, deve-se aquecê-lo até a temperatura de austenitização, que pode variar muito conforme a composição química do material: de 770 a 1.300°C. A escolha da temperatura de austenitização é baseada na necessidade de se dissolver todos os carbonetos presentes e de se ter uma estrutura homogênea (até 1.000°C nos chamados aços-rápidos, por exemplo, o que será visto mais adiante), devido à presença de vários elementos formadores de carbonetos, presentes nestes aços. Por outro lado, quando a quantidade de carbonetos é muito grande, pode-se dissolver somente uma fração deles e obter-se um endurecimento secundário durante o revenimento posterior. Este é um caso, por exemplo, em que os teores de tungstênio, cromo, vanádio e cobalto são muito altos (respectivamente 12%, 4%, 5% e 5%), em que cerca de 40% da estrutura no estado recozido é constituída de carbonetos sobre matriz ferrítica. Neste caso, somente cerca de 30% dos carbonetos ficam dissolvidos.

A presença de carbonetos nos aços-ferramenta é essencialmente para conferir resistência à abrasão ou desgaste após têmpera e revenimento, e para inibir o crescimento de grão da austenita. Este caso é mais típico quando os carbonetos ficam não dissolvidos.

Existem pelo menos cinco tipos de carbonetos presentes nos aços-ferramenta. Esses tipos de carboneto são mais estudados para o caso dos aços-rápidos (ver mais adiante). Suas fórmulas são as seguintes: MC, M_2C, M_3C, M_6C e $M_{23}C_6$, onde M é o elemento de liga ou a soma dos átomos metálicos existentes no carboneto.

O carboneto $M_{23}C_6$ é constituído de carbono mais ferro, tungstênio e molibdênio (em maior quantidade), e cromo e vanádio (em menor quantidade), e se dissolve inteiramente na austenita.

O carboneto MC é constituído de carbono mais vanádio, tungstênio e molibdênio (em maior quantidade), e cromo e ferro (em menor quantidade), e é o tipo de carboneto mais duro, ficando parcialmente dissolvido na austenita.

O carboneto M_6C é constituído de carbono mais ferro, tungstênio e molibdênio (em maior quantidade), e vanádio e cromo (em menor quantidade), e também fica parcialmente dissolvido na austenita. Quando o cobalto está presente no aço, este elemento também se incorpora nesse tipo de carboneto.

O carboneto M_2C é mais rico em tungstênio, molibdênio e vanádio, contendo menor quantidade de ferro e cromo; ele está presente principalmente na estrutura bruta de fusão. Quando o aço é tratado termicamente, ele se instabiliza e quase desaparece da estrutura do produto final.

O carboneto M_3C é mais rico em ferro e cromo, contendo menor quantidade de tungstênio, molibdênio e vanádio. Ele se dissolve razoavelmente bem na austenita.

Os aços-ferramenta em geral têm grande temperabilidade, de modo que a maioria deles não precisa ser temperada em água. Durante o resfriamento muito lento, os carbonetos se precipitam na austenita. Quando se deseja evitar que isso aconteça, pode-se iniciar o resfriamento mais rapidamente até uma dada temperatura e, depois, resfriar mais lentamente para evitar empenamentos ou distorções.

Quando o carbono e os elementos de liga são muito altos, pode ocorrer o aparecimento de austenita retida, que às vezes é útil para permitir o endireitamento da peça, pois ela não fica excessivamente dura. Entretanto, quando se deseja grande dureza e alta resistência ao desgaste, toda a austenita retida precisa ser transformada em martensita, não se fazendo um resfriamento muito lento.

Como nos aços de alta resistência o revenimento é feito a temperaturas e em tempos variados, conforme se deseja as propriedades mecânicas para o aço. O revenimento em baixas temperaturas produzirá maior dureza, mais resistência ao desgaste, à abrasão e à descamação, com sacrifício da tenacidade e vice-versa, quando o revenimento é feito a temperaturas mais altas. Pode-se querer que ocorra o endurecimento secundário, devido aos carbonetos, sem sacrifício da tenacidade e da resistência ao desgaste.

As propriedades mecânicas dos aços-ferramenta dependem essencialmente do tipo de dureza dos carbonetos. Eles se formam na solidificação da liga (carbonetos primários) ou por reações intermetálicas durante o tratamento de revenimento (carbonetos secundários).

A Tab. 19 apresenta a composição química dos aços-ferramenta padronizados pela SAE-AISI e ABNT.

Tabela 19 — Composição química dos aços-ferramenta (em %)

Designação	C	Mn	Si	Cr	V	W	Mo	Co	Ni
SAE-AISI									
W108	0,70-0,85	0,35 máx	0,35 máx	0,15-0,20	—				
W109	0,85-0,95	0,35 máx	0,35 máx	0,15-0,20	—	—	—	—	—
W110	0,95-1,10	0,35 máx	0,35 máx	0,15-0,20	—	—	—	—	—
W112	1,10-1,30	0,35 máx	0,35 máx	0,15-0,20	—	—	—	—	—
W209	0,85-0,95	0,35 máx	0,35 máx	0,15-0,20	0,15-0,35	—	—	—	—
W210	0,95-1,10	0,35 máx	0,35 máx	0,15-0,20	0,15-0,35	—	—	—	—
W310	0,95-1,10	0,35 máx	0,35 máx	0,15-0,20	0,35-0,50	—	—	—	—
ABNT									
W1	0,60-1,40	0,15-0,40	0,10-0,35	0,15 máx	—	—	—		
W2	0,60-1,40	0,15-0,40	0,10-0,35	0,15 máx	0,15-0,35	—	—	—	—
SAE-AISI									
S1	0,45-0,55	0,20-0,40	0,25-0,45	1,25-1,75	0,15-0,30	1,00-3,00	0,40 máx	—	—
S2	0,45-0,55	0,30-0,50	0,80-1,20	—	0,25 máx	—	0,40-0,60	—	—
S5	0,50-0,60	0,60-0,90	1,80-2,20	0,30 máx	0,25 máx	—	0,30-0,50	—	—
ABNT									
S1	0,45-0,55	0,15-0,40	0,15-1,20	1,25-1,75	0,15-0,30	2,00-3,00	0,60 máx	—	—
S2	0,40-0,55	0,30-0,50	0,90-1,20	—	0,50 máx	—	0,30-0,60	—	—
S5	0,50-0,65	0,60-1,00	1,75-2,25	0,35 máx	0,35 máx	—	0,30-0,60	—	—
S7	0,45-0,55	0,60-0,80	0,20-0,40	2,75-3,50	0,15-0,30	—	1,30-1,80	—	—

Tabela 19 (continuação)

Designação	C	Mn	Si	Cr	V	W	Mo	Co	Ni
SAE-AISI									
01	0,85-0,95	1,00-1,30	0,20-0,40	0,40-0,60	0,20 máx	0,40-0,60	—	—	—
02	0,85-0,95	1,40-1,80	0,20-0,40	0,35 máx	0,20 máx	—	0,30 máx	—	—
06	1,35-1,55	0,30-1,00	0,80-1,20	—	—	—	0,20-0,30	—	—
ABNT									
01	0,85-1,05	1,00-1,40	0,15-0,40	0,40-0,60	—	0,40-0,60	—	—	—
02	0,85-1,05	1,40-1,80	0,15-0,40	0,35 máx	—	—	—	—	—
06	1,30-1,55	0,40-1,00	0,75-1,25	0,30 máx	—	—	0,20-0,30	—	—
07	1,10-1,30	0,50 máx	0,50 máx	0,60-0,85	0,30 máx	1,25-1,90	0,30 máx	—	—
SAE-AISI									
A2	0,95-1,05	0,45-0,75	0,20-0,40	4,75-5,50	0,40 máx	—	0,90-1,40	—	—
ABNT									
A2	0,90-1,05	0,30-0,90	0,15-0,40	4,75-5,50	0,15-0,50	—	0,90-1,50	—	—
A6	0,65-0,75	1,80-2,50	0,15-0,40	0,90-1,20	—	—	0,90-1,40	—	—
SAE-AISI									
D2	1,40-1,60	0,30-0,50	0,30-0,50	11,00-13,00	0,80 máx	—	0,70-1,20	0,60 máx	—
D3	2,00-2,35	0,24-0,45	0,25-0,45	11,00-13,00	0,80 máx	0,75 máx	0,80 máx	—	—
D5	1,40-1,60	0,30-0,50	0,30-0,50	11,00-13,00	0,80 máx	—	0,70-1,20	2,50-3,50	—
D7	2,15-2,50	0,30-0,50	0,30-0,50	11,50-13,50	3,80-4,40	—	0,70-1,20	—	—

Tabela 19 (continuação)

Designação	C	Mn	Si	Cr	V	W	Mo	Co	Ni
ABNT									
D2	1,40-1,60	0,20-0,60	0,20-0,60	11,00-13,00	1,00 mín	—	0,70-1,20	Opcional	—
D3	2,25 méd.	—	—	12,00 méd.	Opcional	—	—	—	—
D4	2,20 méd.	—	—	12,00 méd.	0,25 méd.	—	0,80 méd.	—	—
D6	2,25 méd.	—	1,00 méd.	12,00 méd.	—	1,00 méd.	—	—	—
SAE-AISI									
H11	0,30-0,40	0,20-0,40	0,80-1,20	4,75-5,50	0,30-0,50	—	1,25-1,75	—	—
H12	0,30-0,40	0,20-0,40	0,80-1,20	4,75-5,50	0,10-0,50	1,00-1,70	1,25-1,75	—	—
H13	0,30-0,40	0,20-0,40	0,80-1,20	4,75-5,50	0,80-1,20	—	1,25-1,75	—	—
H21	0,30-0,40	0,20-0,40	0,15-0,30	3,00-3,75	0,30-0,50	8,75-10,00	—	—	—
ABNT:									
H10	0,35-0,45	0,25-0,60	0,80-1,20	3,00-3,75	0,75 máx	—	2,00-3,00	—	—
H11	0,33-0,43	0,20-0,50	0,80-1,20	4,75-5,50	0,30-0,60	—	1,10-1,75	—	—
H12	0,30-0,40	0,20-0,50	0,80-1,20	4,75-5,50	0,50 máx	1,00-1,70	1,25-1,75	—	—
H13	0,35-0,45	0,20-0,50	0,80-1,20	4,75-5,50	0,80-1,20	—	1,10-1,75	—	—
SAE-AISI									
T1	0,65-0,75	0,20-0,40	0,20-0,40	3,75-4,50	0,90-1,30	17,25-18,75	—	—	—
T2	0,75-0,85	0,20-0,40	0,20-0,40	3,75-4,50	1,80-2,40	17,50-19,00	0,70-1,00	—	—
T4	0,70-0,80	0,20-0,40	0,20-0,40	3,75-4,50	0,80-1,20	17,25-18,75	0,70-1,00	4,25-5,75	—
T5	0,75-0,85	0,20-0,40	0,20-0,40	3,75-4,50	1,80-2,40	17,50-19,00	0,70-1,00	7,00-9,00	—
T8	0,75-0,85	0,20-0,40	0,20-0,40	3,75-4,50	1,80-2,40	13,25-14,75	0,70-1,00	4,25-5,75	—

Tabela 19 (continuação)

Designação	C	Mn	Si	Cr	V	W	Mo	Co	Ni
ABNT									
T1	0,65-0,80	0,20-0,40	0,20-0,40	3,75-4,50	0,90-1,30	17,25-18,75	—	—	—
T5	0,75-0,85	0,20-0,40	0,20-0,40	3,75-5,00	1,80-2,40	17,50-19,00	0,50-1,25	7,00-9,50	—
T8	0,75-0,85	0,20-0,40	0,20-0,40	3,75-5,00	1,80-2,40	13,25-14,75	0,40-1,00	4,25-4,75	—
T15	1,50-1,60	0,20-0,40	0,20-0,40	3,75-5,00	4,50-5,25	12,00-13,00	1,00 máx.	4,75-5,25	—
SAE-AISI									
M1	0,75-0,85	0,20-0,40	0,20-0,40	3,75-4,50	0,90-1,30	1,15-1,85	7,75-9,25	—	—
M2	0,78-0,88	0,20-0,40	0,20-0,40	3,75-4,50	1,60-2,20	5,50-6,75	4,50-5,50	—	—
M3	1,00-1,25	0,20-0,40	0,20-0,40	3,75-4,50	2,25-3,25	5,50-6,75	4,75-6,25	—	—
M4	1,25-1,40	0,20-0,40	0,20-0,40	4,00-4,75	3,90-4,50	5,25-6,50	4,50-5,50	—	—
ABNT									
M1	0,78-0,84	0,15-0,40	0,20-0,45	3,50-4,00	1,00-1,30	1,40-2,10	8,20-9,20	—	—
M2 médio C	0,78-0,88	0,15-0,40	0,20-0,45	3,75-4,50	1,75-2,20	5,50-6,75	4,50-5,50	—	—
M2 alto C	0,95-1,05	0,15-0,40	0,20-0,45	3,75-4,50	1,75-2,20	5,50-6,75	4,50-5,50	—	—
M3 classe 1	1,00-1,10	0,15-0,40	0,20-0,45	3,75-4,50	2,25-2,75	5,00-6,75	4,75-6,50	—	—
M3 classe 2	1,15-1,25	0,15-0,40	0,20-0,45	3,75-4,50	2,75-3,25	5,00-6,75	4,75-6,50	—	—
M4	1,25-1,40	0,15-0,40	0,20-0,45	3,75-4,75	3,75-4,50	5,25-6,50	4,25-5,50	—	—
M7	0,98-1,05	0,15-0,40	0,20-0,50	3,50-4,00	1,75-2,25	1,40-2,10	8,40-9,10	—	—
M10 médio C	0,84-0,94	0,15-0,40	0,20-0,45	3,75-4,50	1,80-2,20	—	7,75-8,50	—	—

Tabela 19 (continuação)

Designação	C	Mn	Si	Cr	V	W	Mo	Co	Ni
M10 alto C	0,95-1,05	0,150,40	0,20-0,45	3,75-4,50	1,80-2,20	—	7,75-8,50	—	—
M35	0,80-0,90	0,15-0,40	0,20-0,45	3,75-4,50	1,75-2,25	5,50-6,50	4,50-5,50	7,75-8,75	—
M43	1,15-1,25	0,20-0,40	0,15-0,50	3,50-4,25	1,50-1,75	2,25-3,00	7,50-8,50	7,75-8,75	—
SAE-AISI									
L6	0,65-0,75	0,55-0,85	0,20-0,40	0,65-0,85	0,25 máx	—	0,25 máx	—	1,25
L7	0,95-1,05	0,25-0,45	0,20-0,40	1,25-1,75	—	—	0,30-0,50	—	1,75
ABNT									
L3	0,95-1,05	0,30-0,60	0,15-0,40	1,30-1,70	0,10-0,30	—	—	—	—
L7	0,95-1,10	0,25-0,50	0,15-0,40	1,10-1,75	—	—	0,30-0,50	—	—
L10	0,45-0,55	0,30-0,60	0,15-0,40	0,80-1,10	—	—	0,30-0,50	—	3,25-4,00
ABNT									
C1	0,50-0,60	0,70-1,00	0,15-0,40	0,80-1,10	0,10 médio	—	0,40-0,60	—	—
C2	0,50-0,60	0,60-0,70	0,15-0,40	0,80-1,10	0,10 mín	—	0,60-0,90	—	1,60-2,10
C3	0,20 médio	0,70 médio	0,25 médio	—	—	—	3,35 médio	—	3,00 médio
ABNT									
P4	0,10 máx	0,20-0,50	0,15-0,30	4,25-5,00	0,30 máx	—	0,40-0,75	—	—
P20	0,30-0,40	0,60-0,90	0,50-0,80	1,50-1,90	0,30 máx	—	0,30-0,50	—	—
ABNT									
R1	1,20-1,35	0,40 máx	0,45 máx	3,75-5,00	3,00-3,50	9,75-11,25	3,30-4,00	10,00-11,25	—
SAE-AISI									
F1	1,00-1,25	—	—	0,75 máx.	—	1,25-3,50	—	—	—

Obs: P máx = 0,03%; S máx = 0,03%

Nesta classificação, os símbolos de letras usados significam:

W — têmpera em água
S — resistente ao choque
O — trabalhado a frio, têmpera em óleo
A — trabalhado a frio, têmpera ao ar, aço de liga média
D — trabalhado a frio, aço de alto carbono e alto cromo
H — trabalhado a quente: H 1 a H 19 — à base de cromo
H 20 a H 39 — à base de tungstênio
T — aço rápido à base de tungstênio
M — aço rápido à base de molibdênio
L — aço para finalidades especiais de baixa liga
F — aço para finalidades especiais ao carbono-tungstênio
P — aço para moldes: P 1 a P 19 — de baixo carbono
P 20 a P 39 — outros tipos
C — aço para trabalho a quente de baixa liga
R — outros aços rápidos

Como a variedade de aços-ferramenta é grande, serão comentados os efeitos dos elementos de liga para cada série de aços.

A variação do teor de carbono é grande nos aços-ferramenta. Existem aços com 0,07% C a 2,25% C, dependendo das propriedades mecânicas que se deseja. Quando o que mais interessa é ductilidade e tenacidade, não se pode ter um aço com carbono superior a 0,8%, que são os aços hipoeutetóides. Os teores de carbono mais elevados são utilizados para se obter alta resistência ao desgaste e alta dureza.

Em aços-carbono para ferramentas, ocorre sempre um endurecimento grande da superfície da peça, mantendo-se o núcleo mais mole, exceto quando a peça for pequena. Variando o teor de carbono, obtém-se uma variedade muito grande de propriedades mecânicas. Até 0,85% C, o aumento do teor de carbono aumenta a temperabilidade do aço; acima de 0,85% C, a temperabilidade diminui. Nos aços-carbono, podem-se acrescentar pequenas quantidades de cromo (de 0,2% a 0,75%) para aumentar a dureza da superfície da peça e dar, assim, maior resistência ao desgaste; ou acrescentar vanádio em teores entre 0,20% e 0,50% para refinar o grão e, portanto, para aumentar a tenacidade e a temperabilidade. Diminuindo-se o teor de carbono, aumenta-se a resistência ao impacto como nos aços em geral. Acima da temperatura eutetóide, a dureza permanece quase constante, só aumentando a resistência à abrasão.

O silício é encontrado em todos os aços-ferramenta e sua função principal é desoxidar o aço. Ele fica dissolvido na ferrita ou na austenita, dependendo da temperatura. Além disso, o silício contribui para aumentar a profundidade de endurecimento. Nos aços de alto carbono trabalhados a frio, o silício causa a formação de grafita durante o recozimento; por isso seu teor é limitado nesses aços a 0,50% e, às vezes, até mesmo a 0,25%. Quando o silício é elevado, costuma-se aumentar o teor de cromo ou molibdênio (elementos formadores de carbonetos) para evitar a grafitização. Embora o silício aumente a resistência ao desgaste, ele também contribui para dar fragilidade ao aço, porém, em combinação com o manganês, ele pode ser usado para melhorar a resistência à fadiga dos aços-ferramenta. Nos aços contendo cromo e tungstênio, o silício aumenta a resistência à oxidação em alta temperatura.

O manganês é igualmente encontrado em todos os aços-ferramenta também para efeito de desoxidação, dessulfuração (ou formação de sulfeto de manganês para promover resistência à fadiga), endurecimento e elevação da resistência, sem causar fragilidade. Além disso, o manganês também aumenta a temperabilidade do aço, permitindo a têmpera em seções maiores sem causar excessiva distorção.

Quando o projeto de uma ferramenta é extremamente rigoroso com relação às distorções nas peças, procura-se ter um aço capaz de ser temperável em um meio menos brusco que a água: óleo, ar ou banho de sal. Para isso, escolhe-se uma composição química da liga que torne ainda maior a temperabilidade do aço. Daí, tem-se uma camada temperada mais profunda do que no caso dos aços-carbono para ferramenta. Para esses aços, aumenta-se, então, o teor de carbono (de 0,90% a 2,15%) e adicionam-se elementos de liga que formem carbonetos, aumentando-se um pouco o teor de manganês. A resistência ao desgaste é conseguida pela presença de carbonetos. Pode-se ter alto teor de cromo (12%) associado a molibdênio (0,80%), porque a formação de carboneto de cromo e molibdênio assegura alta resistência à abrasão. Para melhorar a usinabilidade, o teor de carbono não pode ultrapassar 1,5%. O manganês e o tungstênio diminuem a suscetibilidade à descarbonetação e o vanádio contribui para aumentar a temperabilidade e refinar o grão. Nesses aços, a martêmpera também é um tratamento térmico muito utilizado. Quando o aço precisa ter maior tenacidade, os elementos de liga são adicionados em teores bem menores, bem como o teor de carbono, como, por exemplo, máximos teores de carbono (0,90%), cromo (1,25%), tungstênio (2,50%) e molibdênio (0,50%). A capacidade de reter a dureza a quente é fornecida principalmente pelo tungstênio usado em teores elevados, podendo chegar até 18%.

O cromo dissolve na ferrita ou forma carboneto. Ele refina o grão, eleva a resistência da ferrita e aumenta a dureza e a estabilidade dos carbonetos. Não causa fragilidade e faz a transformação da austenita ser mais lenta.

O vanádio tem efeito semelhante ao cromo, além de ser ótimo refinador de grão e da estrutura de carbonetos. Em teores altos, eleva a dureza em altas temperaturas e dá maior resistência ao desgaste em baixas e altas temperaturas, quando estiver em até 5%.

O tungstênio é essencialmente formador de carboneto e, com isso, aumenta bastante a dureza do aço, assim como inibe o crescimento do grão. O tungstênio é muito empregado para aços-ferramenta que trabalham em temperaturas altas.

O tungstênio se dissolve no ferro γ até um certo teor e permanece em solução durante a transformação $\gamma \rightarrow \alpha$. Quando ele está dissolvido, o tungstênio melhora a temperabilidade do aço. Combinado com cromo e vanádio, ele diminui a tendência do aço a se trincar e ficar distorcido após o resfriamento da têmpera. Combinado com cromo e molibdênio ou não, o tungstênio diminui a velocidade de amolecimento durante o revenimento. Quando ele está presente em teores até cerca de 6%, pode-se usar o aço para a confecção de ferramentas de corte, matrizes, brocas e lâminas de serra; em conjunto com até 1,5% Cr, o tungstênio pode ser usado em aços para ferramentas de acabamento para pequenos cortes e grandes velocidades.

Como já foi mencionado, o tungstênio confere resistência ao amolecimento causado pelo revenimento. Entretanto, para que isso aconteça, o tungstênio precisa estar em solução, pois, como carboneto não-dissolvido, ele não é efetivo para dar resistência ao amolecimento. Além disso, muitos aços-ferramenta com tungstênio exibem o efeito do endurecimento secundário. Quando isso não acontece, o tungstênio dá maior tenacidade por aliviar as tensões internas. O molibdênio é mais efetivo que o tungstênio em relação ao fenômeno da fragilidade ao revenido.

O tungstênio diminui o teor do carbono no eutetóide (0,8% C nos aços-carbono) além de aumentar a temperatura eutetóide (723°C nos aços-carbono). Com isso, tendo-se uma porcentagem mais baixa de carbono no eutetóide, uma quantidade maior de carbono fica livre para formar carbonetos, que contribuem para dar grande resistência ao desgaste que possuem os aços-ferramenta com tungstênio.

O molibdênio se dissolve na ferrita aumentando sua dureza. Ele forma carbonetos como o cromo e o tungstênio, porém menos intensamente. Ele contribui muito para que o aço possa ser temperado ao ar, sendo este seu efeito mais importante, além de conferir alta tenacidade.

Para aços-ferramenta utilizados em usinagem e trabalho mecânico de peças a frio, pode-se adicionar enxofre para melhorar a usinabilidade desses aços, que contêm altos teores de cromo (12%), e alguns ainda 1,0% Mo e de 1% a 4% V. Para a usinagem de aços-rápidos, pode-se adicionar de 0,10% a 0,15% S, até para melhorar também a suscetibilidade ao esmerilhamento e acabamento superficial.

Nos aços-ferramenta em geral, tem-se tentado substituir o vanádio pelo nióbio nos casos em que o vanádio não está presente em teores muito altos para que o nióbio tenha efeito sobre a dureza secundária. Os carbonetos de nióbio são tão eficientes quando os de vanádio para a resistência ao desgaste e controle do tamanho de grão. Nos aços-rápidos, em particular, esta substituição pode ser feita normalmente.

Aços-rápidos — Os chamados aços-rápidos ou aços de corte rápido contêm altos teores de molibdênio, tungstênio, cobalto, cromo e vanádio. Têm a capacidade de usinar metais com velocidades de corte mais elevadas sem alteração de suas propriedades, mesmo após períodos contínuos de operação. Esses aços possuem alta dureza a quente por manter sua estrutura inalterada por causa dos carbonetos duros e estáveis.

Nesses aços, a maior resistência à abrasão é também causada pelos teores mais elevados de carbono e dos elementos de liga que formam carbonetos pequenos, distribuídos uniformemente na matriz, por meio de têmpera e revenimento bem feitos, além de conferir boa tenacidade. O teor de carbono determina a dureza final do aço para teores constantes de cromo e tungstênio. Porcentagens de carbono entre 0,67% e 0,73% fornecem a melhor combinação de dureza, capacidade de corte e tenacidade com 18% W, 4% Cr e 1% V. Em aços com cobalto, o carbono deve ser mais alto (até 0,8%) para manter a temperabilidade e o molibdênio deve ficar em até 1% para melhorar a capacidade de corte.

O cobalto, que pode se dissolver na ferrita ou na austenita, é o único elemento que aumenta a velocidade de transformação da austenita, diminuindo com isso a temperabilidade. Esta é a razão do cobalto ser usado sempre em combinação com outros elementos de liga, compensando assim a perda da temperabilidade que o cobalto ocasiona. Ele tem o efeito benéfico de tornar o aço utilizável a altas temperaturas, mantendo a dureza e a capacidade de corte do aço praticamente inalteradas; o cobalto confere ainda maior resistência ao revenimento.

O vanádio aumenta ainda mais a resistência à abrasão nos aços de alto tungstênio e aumenta a temperabilidade. Como foi dito, ultimamente está-se substituindo uma parte do vanádio por nióbio com bons resultados.

Para serviços a baixas temperaturas, o cobalto aumenta a fragilidade, não sendo recomendável seu uso para cortes de acabamento de peças para ferramentas sujeitas a choque, pancadas ou vibrações excessivas.

Os aços-rápidos com alto tungstênio são mais resistentes à descarbonetação que aqueles com alto molibdênio durante a operação de têmpera.

Os aços à base de molibdênio têm maior resistência ao impacto que os aços rápidos à base de tungstênio. O molibdênio também contribui para dar maior dureza a quente. Ele pode substituir parte do tungstênio nos aços à base de tungstênio, na relação de 1% Mo para 2% W. Entretanto, nesses aços à base de tungstênio, não se pode ter uma porcentagem muito alta de molibdênio para não haver muita descarbonetação que o excesso de molibdênio provoca.

O cromo aumenta a temperabilidade, fazendo com que os aços rápidos possam ser temperados em óleo, além de aumentar a resistência ao desgaste e à dureza.

No tratamento de têmpera, fica uma certa quantidade de carbonetos não dissolvidos, como já foi mencionado, conforme a temperatura de austenitização, que resulta em diferenças do comportamento do aço ao desgaste, de acordo com a composição química do aço.

No estado recozido, ocorre a presença dos carbonetos do tipo M_6C, MC, M_2C, $M_{23}C_6$ e M_7C_3 (este último, rico em cromo). Na astenitização, parte desses carbonetos se dissolve quanto maior for a temperatura alcançada. No revenimento em temperaturas mais altas que 400°C, ocorre a precipitação dos carbonetos secundários, que endurecem a martensita revenida (endurecimento secundário), principalmente os carbonetos contendo maior quantidade de vanádio, que são pouco solúveis na austenita e extremamente duros. Entretanto, a presença de tungstênio e molibdênio também influi no endurecimento secundário. Com isso, o produto final é constituído por carbonetos dos tipos M_6C e MC dispersos em uma matriz matensítica endurecida.

Existe um tipo de aço-rápido denominado "aço-matriz" (*matrix steel*) com teores menores de elementos de liga (2,0% W, 2,8% Mo, 4,5% Cr, 1,0% V e 0,5% C), em que se consegue maior quantidade de carboneto de fórmula MC de resistência mecânica muito alta, além de boa tenacidade e resistência ao desgaste. Nesses aços e em outros aços-rápidos, pode-se também adicionar nióbio (de 1% a 3%), que forma o carboneto primário NbC (do mesmo tipo que MC) quase puro e muito duro e com uma quantidade bem menor de molibdênio, tungstênio e ferro. A formação de carboneto do tipo MC no "aço matriz" elimina a formação do carboneto do tipo M_6C. A atuação do NbC depende da forma de sua estrutura cristalina, que é melhorada, ou seja, possui maior dureza, devido à presença de titânio, zircônio ou háfnio, que são adicionados em pequena quantidade (de 0,05% a 0,25%).

Os aços-rápidos contendo nióbio possuem menos austenita retida que os rápidos sem nióbio, por abaixar a temperatura de início de formação da martensita (temperatura M_s). O nióbio pode substituir parte do vanádio nos aços-rápidos, principalmente também para atuar nesse abaixamento da temperatura M_s. O nióbio ainda reduz a solubilidade dos carbonetos na austenita e contribui para a formação maior de carbonetos de tungstênio e de molibdênio do tipo M_2C, que aumentam o endurecimento secundário por diminuir a solubilidade do tungstênio e do molibdênio na austenita.

Nos aços-rápidos, o manganês deve estar em teores baixos (até 0,40%) para evitar problemas no trabalho mecânico e trincas no tratamento térmico, sendo usado como desoxidante e e dessulfurante. O silício deve ficar em teores até 1% para não prejudicar o tempo de corte da ferramenta, sendo usado apenas como desoxidante. O teor de tungstênio deve ser escolhido conforme a utilização da ferramenta: para alta capacidade de corte e resistência ao desgaste, eleva-se o teor de tungstênio com sacrifício da tenacidade e vice-versa. O mesmo acontece com a porcentagem de cromo. O teor de tungstênio determina a temperatura de austenitização a ser empregada para evitar excessivo crescimento do grão: o superaquecimento na temperatura de austenitização é menor quanto menor for o teor de tungstênio.

Aços-ferramenta com alto teor de carbono e baixo teor de tungstênio — A adição de 1,25% a 2,50% W torna o aço-carbono para ferramentas mais resistente ao desgaste. Os teores de silício (de 0,20% a 0,40%) e de manganês (de 0,15% a 0,30%) são normais e o carbono fica entre 0,90% e 1,30%. Pode-se acrescentar vanádio (de 0,10% a 0,25%) para refinar o grão e cromo (de 0,35% a 0,75%) para retardar a transformação austenítica e, assim, obter com estes dois elementos maior tenacidade e temperabilidade. Neste último caso, consegue-se temperar a liga em óleo, evitando-se, pois, distorções e excesso de tensões internas no material. Aumentando-se o teor de carbono para até 1,40% e o de tungstênio para até 6%, aumenta-se a resistência ao desgaste, mas perde-se a resistência ao impacto e ocorre na têmpera empenamentos com mais freqüência. Para evitar este último, é necessário adicionar-se até 1,5% Cr. A resistência à fadiga também é melhorada pela presença de vanádio.

Aços-ferramenta com alto teor de carbono e baixos teores de cromo e vanádio — Se nos aços vistos no parágrafo anterior, em vez de se adicionar tungstênio, colocar-se cromo ou cromo e vanádio em teores de até 1,40% Cr e 0,20% V, obtém-se um aço com melhor resistência ao impacto, porém com menor resistência ao desgaste que os aços-carbono para ferramentas. A adição de manganês até 1,75% em aços-ferramenta ao carbono com 0,10% a 0,25% V permite obter uma temperatura mais baixa de austenitização para a têmpera, conseguindo-se uma dureza alta. O vanádio é utilizado para refinar o grão. Pode-se ainda acrescentar até 0,35% Mo para aumentar mais a temperabilidade.

Aços-ferramenta com alto teor de carbono e alto teor de cromo — Com a adição de 12% Cr em um aço com 1,90% a 2,30% C, obtém-se uma resistência ao desgaste muito alta, com têmpera em óleo ou ao ar, neste último caso se se acrescentar cerca de 1% Mo. A adição de níquel em até 3,5% confere a esse tipo de aço maior resistência ao impacto. Para essa finalidade, existem também aços, onde em lugar de níquel se adicionam até 1% V e 1% Co, obtendo-se ainda melhor usinabilidade. A adição de molibdênio mais cobalto ou de molibdênio mais vanádio melhora a capacidade de corte desses aços. A alta resistência ao desgaste é devido à formação dos carbonetos duros M_2C de alto teor em cromo.

Aços-ferramenta para trabalho a quente — Os elementos de liga adicionados são cromo (até 5%), molibdênio (até 8,5%), vanádio (até 1,10%) e adições variadas de tungstênio (baixo W: até 7,5%; alto W: até 18%). O molibdênio aumenta a possibilidade de se temperar o material ao ar. O tungstênio confere a manutenção da dureza e da resistência ao desgaste em alta temperatura (até 540°C). O cromo dá boa temperabilidade e contribui para a alta dureza. O vanádio fornece resistência à fadiga, além de ajudar o tungstênio na resistência em alta temperatura. Com carbono baixo e tungstênio alto, essas ligas se tornam quebradiças. O silício melhora a resistência ao desgaste e à erosão, além de diminuir a formação de carepas ou escamas pela utilização do material em altas temperaturas. O silício pode estar presente em até 1% para essas finalidades.

BIBLIOGRAFIA

As obras abaixo relacionadas foram utilizadas como referência no decorrer deste livro. Além dessas obras, foram consultados artigos de diversas revistas técnicas internacionais e vários trabalhos publicados na revista *Metalurgia* da Associação Brasileira de Metais (ABM).

(1) Leslie, W.C. - *The Physical Metallurgy of Steels.* McGraw-Hill Inc., EUA, 1982.
(2) Clark, D.S. - *Physical Metallurgy for Engineers.* D. Van Nostrand Co. Inc., EUA, 1952
(3) Samans, C.H. - *Engineering Metals and Their Alloys.* MacMillan Co., EUA, 1957.
(4) American Society for Metals (ASM) - *Metals Handbook,* vol. 1, EUA, 1961.
(5) American Society for Metals (ASM) - *Metals Handbook,* EUA, 1948.
(6) SAE Handbook, EUA, 1987.
(7) Souza, S.A.- *Ensaios Mecânicos de Materiais Metálicos.* Edgard Blücher, Brasil, 1982.
(8) Guy, A.G. & Hren, J.S. - *Elements of Physical Metallurgy.* Addison-Wesley Publ. Co., EUA, 1974.
(9) Colpaert, H. - *Metalografia dos Produtos Siderúrgicos Comuns.* Edgard Blücher, Brasil, 1951.
(10) Chiaverini, V. - *Aços e Ferros Fundidos.* Associação Brasileria de Metais (ABM), Brasil, 1979.
(11) Briggs, C.W. - *Steel Castings Handbook.* Steel Founders' Soc. of America, EUA, 1960.

(12) Hume Rothery, W. - *Estrutura das Ligas de Ferro*. Edgard Blücher, Brasil, 1968.

(13) Tetelman, A.S. & McEvily, A.J. - *Fracture of Structure Materials*. John Wiley & Sons Inc., EUA, 1967.

(14) Reed-Hill, R.E. - *Princípios de Metalurgia Física*. Guanabara Dois, Brasil, 1982.

(15) Smallman, R.E. - *Modern Physical Metallurgy*. Butterworths, Inglaterra, 1970.

ÍNDICE